现场焊接问题分析及对策

薛小怀　杨文华　著

机 械 工 业 出 版 社

本书针对在施工现场的焊接过程中出现的焊接缺陷、焊接工艺与变形控制、工艺改进和焊接修复、不锈钢和非铁金属焊接、埋弧焊、焊接设备与母材相关问题以及现场焊接非常规操作问题等7类问题，从实际案例中提炼出36个现场焊接问题进行分析并给出对策，对典型焊接问题进行了要点讲解。

本书可作为从事焊接技术研究和开发的工程技术人员的参考书，也可作为普通高校本科生、研究生或职业教育与培训机构教师和学员的参考书。

图书在版编目（CIP）数据

现场焊接问题分析及对策/薛小怀，杨文华著. —北京：机械工业出版社，2022.5（2025.1重印）

ISBN 978-7-111-70499-7

Ⅰ.①现…　Ⅱ.①薛…②杨…　Ⅲ.①焊接工艺　Ⅳ.①TG44

中国版本图书馆CIP数据核字（2022）第056490号

机械工业出版社（北京市百万庄大街22号　邮政编码100037）
策划编辑：吕德齐　　责任编辑：吕德齐　王　良
责任校对：潘　蕊　李　婷　封面设计：马若濛
责任印制：常天培
北京机工印刷厂有限公司印刷
2025年1月第1版第2次印刷
140mm×203mm · 5.25印张 · 119千字
标准书号：ISBN 978-7-111-70499-7
定价：39.00元

电话服务
客服电话：010-88361066
010-88379833
010-68326294

网络服务
机　工　官　网：www.cmpbook.com
机　工　官　博：weibo.com/cmp1952
金　书　网：www.golden-book.com
机工教育服务网：www.cmpedu.com

前言

焊接是单独或综合采用加热或加压方法使被连接材料之间产生原子之间的结合，形成牢固不可分的，并具有一定使用性能的接头的过程。焊接后的接头一般可以达到与母材相匹配的强度、塑性、韧性、耐蚀性、高温性能、抗辐照性能以及承受动载荷时的抗疲劳性能等。焊接作为重要的连接技术在现代制造业中起着非常重要的作用，可以说，先进制造，无焊不兴！焊接的应用范围很广，涉及工业、农业以及国防等部门，包括工程机械、石油化工、车辆和轨道交通、航空航天、仪器仪表、海工装备、造船、冶金、军工以及信息技术等领域。

通过焊接后的板材、管材、型材、棒材、丝材以及其他形状或结构的金属材料，才能称之为焊接结构。在焊接生产中，焊接工程技术人员必须按照相关的法规、标准和制造技术条件，同时综合考虑焊接质量、使用性、安全性、可靠性和经济性之间的关系，以获得满足使用要求和标准要求的焊接产品。

我们知道，有时候焊接质量、可靠性与经济性之间是存在依存关系的。比如：为了赶工期，提高生产率，现场的焊接技术人员如果不按标准和技术规范要求的方法施工，就可能会在预热不到位、层间温度过高的时候进行下一道焊缝的焊接；怕麻烦，不遵守随用随取的原则，一次多领焊条，造成焊条在空气中暴露时间过长，易导致药皮受潮，在焊接时出现气孔和冷裂纹等问题。诸如此类现场焊接问题，有些在施工期间就能发现，可以要求现场立即返工；有些则在服役期间才能发现，需要停工才能解决，致使返工成本很高，给制造企业和业主都造成巨大的经济损失；对于一些重要的结构、设备或机械，有时候会造成恶劣的社会影响。

对于现场焊接问题，如果对焊接缺陷产生的机理不熟悉，在解决问题时就很难对症下药，致使采取的解决措施不当，这样不仅增加了解决问题的难度，还可能因此耽误了最佳的解决时机，延误工期或者造成其他损失。比如，焊接变形问题主要取决于焊接过程中的热变形和焊接构件的刚性约束，如果构件在焊接过程中产生了塑性变形，就会产生永久的焊接残余变形。因此需要考虑结构设计，焊前、装配、焊接中以及焊后采取的工艺措施，在每一个阶段都需要严格按照焊接工艺指导书的要求进行施工。对于一些大型焊接结构，等到发现焊接变形失控的时候再去补救，可能就为时已晚，造成的损失可能会无法弥补。

一些超高强度、超高压，或者在强腐蚀性等严苛服役条件下工作的焊接结构，会对工程技术人员的设计和制造水平及能力提出巨大的挑战，需要仔细分析技术要求，提炼出焊接技术难点和关键技术，然后给出焊接方案，进行焊接工艺评定，最终安排焊接生产，只有如此才能完成焊接生产任务。

焊接技术人员被称为钢铁裁缝，这个比喻很形象，其实焊接技术人员在解决现场焊接问题时更像是福尔摩斯。他们根据现场的蛛丝马迹，结合焊接理论基础知识和焊接实践经验，分析问题产生的原因和影响因素，确定解决问题的方向，从而制定解决方案和解决措施，最终落实到焊接施工现场能执行的焊接工艺。现场焊接问题的起因错综复杂，有些是技术问题，有些是管理问题，有些则是责任心的问题。所以说，要想遇到问题马上就有解决思路，光有理论基础知识还不行，必须要有丰富的实践经验。通常情况下，解决的问题越多，积累的经验就越丰富，焊接的理论基础知识运用起来就更能得心应手，解决起问题来就更能游刃有余。由此可知，焊接是一门实践性、实操性很强的技术。

随着我国经济和社会的飞速发展，先进制造业对大型装备和设备的焊接制造需求越来越多，比如海工装备、大型压力容器、大型船舶制造、核电建设、跨海大桥建设等。很多大型工程和项目的建设在我国均属首次，经过摸索和实践，取得了举世瞩目的成就，例如3000t加氢反应器、全钢铁结构的“鸟巢”以及港珠澳跨海大桥等。

即便如此，仍然有很多焊接难题需要解决。本书根据作者多年焊接生产实践经验，把现场焊接问题收集和整理后分为7类，主要包括焊接缺陷、焊接工艺与变形控制、工艺改进和焊接修复、不锈钢和非铁金属焊接、埋弧焊、焊接设备与母材相关问题以及现场焊接非常规操作等。每类问题中有多个实例，一一给出了问题的分析和对策，有些则直接给出了焊接生产指导书，希望能够为读者提供借鉴和参考。

由于我国的一些工程和设备使用的是国外钢材和标准，我国标准中并没有与之相对应的钢材牌号，因此本书在相关案例中用国外钢材牌号和标准进行介绍。

本书可以作为焊接工程技术人员解决焊接工程问题的参考书，也可以作为普通高校、高职院校焊接专业或焊接培训机构教材的补充。在教学过程中可以根据每个现场焊接问题，先介绍相关的基础理论知识，然后根据技术要求，分析其技术难点，再提出对策和焊接工艺措施，以便更好地理论联系实际，达到学以致用的目的。

本书由上海交通大学材料科学与工程学院薛小怀和中远海运重工有限公司生产与运营部杨文华共同撰写。由于作者水平有限，书中难免有错误或不足之处，恳请读者指正。在撰写过程中参考的主要标准和文献资料见本书的参考文献，在此对参考文献的作者以及图、表、数据的提供者表示衷心的感谢。

作　者

目　录

第 1 章

焊接缺陷问题

焊接缺陷分为冶金缺陷、结构缺陷和工艺缺陷。其中，冶金缺陷主要包括气孔、夹杂物和裂纹等；结构缺陷主要与焊缝的设计有关，比如，焊缝布置不合理引起应力与裂纹，结构不连续引起的截面突变导致缺口效应产生应力集中以及错边等；工艺缺陷主要与工艺因素有关，包括咬边、焊瘤、未熔合、未焊透、烧穿、未焊满、凹坑、夹渣、电弧擦伤、成形不良、余高过大和焊脚尺寸不合适等。本章分析了 5 个典型案例中的焊接缺陷问题，给出了相应的对策。

问题 1　T 形双面双丝角焊缝中的气孔问题及对策

1. 问题描述

母材为挪威船级社（DNV GL）认证的 NV A36 钢，腹板厚度 15mm，面板厚度为 20mm，焊接材料为某焊材厂生产的药芯焊丝，牌号及认证级别为 DNV GL ⅢYMS（H5）。在进行双面双丝角焊过程中，发现成形后的焊缝表面出现了大量的气孔。解剖后发现焊缝根部有更多没有逸出的气体形成的柱状气孔。表面条形气孔和表面贯穿型气孔如图 1-1 所示，焊缝根部柱状气孔如图 1-2 所示。

图 1-1　表面条形气孔和表面贯穿型气孔

图 1-2　焊缝根部柱状气孔

2. 问题分析

（1）设备　调整设备参数到最佳，前后枪之间的距离为 60mm，前枪角度调为 40°，后枪角度调为 55°。调整好的焊枪角度及间距如图 1-3 所示。

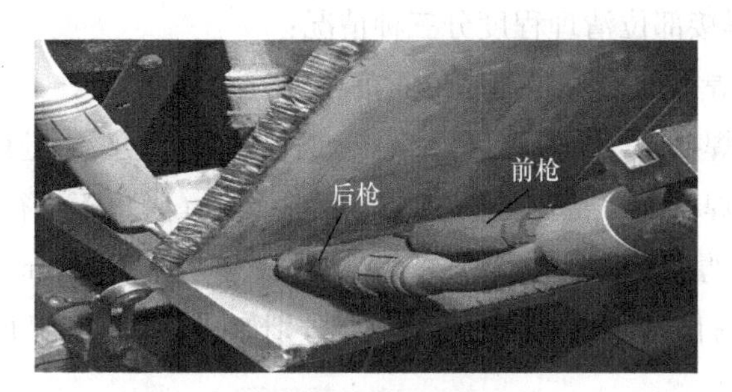

图 1-3　调整好的焊枪角度及间距

（2）焊接材料　药芯焊丝，DNV GL 认证级别为Ⅲ YMS（H5），ABS 认证级别为 3YSA H5，材质证书符合标准要求，按批次进行的性能复验结果也符合标准要求，焊接参数在焊材厂家推荐的范围之内。

（3）气体流量　CO_2 气体流量为 23L/min。CO_2 气体流量控制如图 1-4 所示，在标准和常规流量范围之内，不会因为流量小或湍流而造成 N_2 气孔（从气孔特征来看，未发现有因空气混入熔池而产生的成簇的细小 N_2 气孔）。

图 1-4　CO_2 气体流量控制

（4）底漆　采用某公司的硅酸锌底漆，认证的可以施焊的漆膜厚度为 15~20μm（漆膜厚度测试于平滑的试验钢板表面）。

待焊接部位清理程度分三种情况：

1）焊接前，待焊接部位面板和腹板无底漆。

2）焊接前，待焊接部位不去除面板底漆（腹板不进行处理）。

3）焊接前，待焊接部位去除面板底漆（腹板不进行处理）。

漆膜厚度分为两种情况：大于 40μm 和不大于 40μm（漆膜厚度测试于打砂后的试验钢板表面），分别如图 1-5~图 1-7 所示。

图 1-5　漆膜厚度不大于 40μm

图 1-6　叠加部位的漆膜厚度

图 1-7　漆膜厚度大于 40μm

根据待焊接部位清理程度的三种情况，共进行了六种组合测试，结果如图 1-8~图 1-17 所示。

图 1-8　无底漆施焊，表面无气孔

（5）切割下料的影响　由于火焰切割时会破坏切口附近的底漆，因此相当于去除了腹板的待焊接部位油漆，这有利于降低气孔敏感性。但是对于等离子切割下料的待焊接坡口，则无此作用。

图 1-9　无底漆施焊，根部无气孔

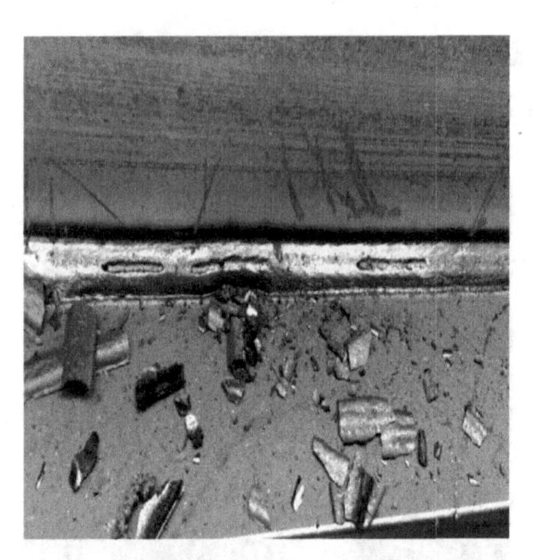

图 1-10　漆膜厚度大于 40μm，待焊接部位不去除面板底漆（焊缝表面）

当采用溶剂型自固化无机富锌底漆，其成分中有正硅酸乙酯，化学式为 $Si(OCH_2CH_3)_4$，与锌粉混合，形成网状高聚物，高温下会分解出 CO_2、CO 和 H_2O，这些气体如果在焊缝凝固结束前来不及逸出，即产生内部气孔；如果没有彻底逸出，则形成贯穿型气孔。油漆在高温下反应产生的氧化物和杂质等附着在焊缝表面，造成 CO 气体无法逸出，因此产生了条虫状的表面 CO 气孔；而油漆在高温下反应产生的 H_2 则形成了大而圆的贯穿型气孔。

图 1-11　漆膜厚度大于 40μm，待焊接部位不去除面板底漆（焊缝根部）

图 1-12　漆膜厚度不大于 40μm，待焊接部位不去除面板底漆（焊缝表面）

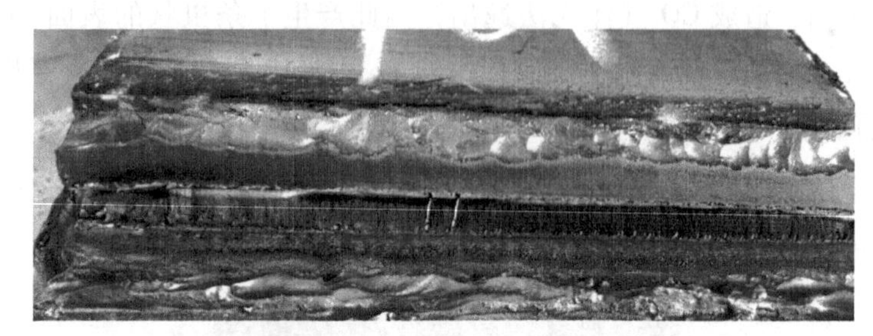

图 1-13　漆膜厚度不大于 40μm，待焊接部位不去除面板底漆（焊缝根部偶尔有 1~2 个气孔会贯穿至表面）

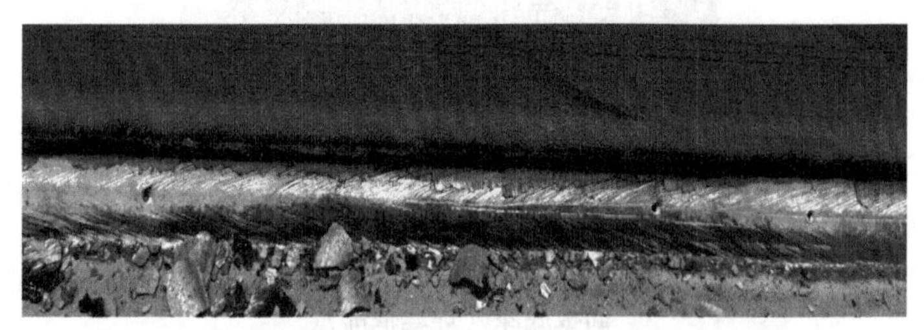

图 1-14　漆膜厚度大于 40μm，待焊接部位去除面板底漆（焊缝表面气孔较图 1-10 明显减少）

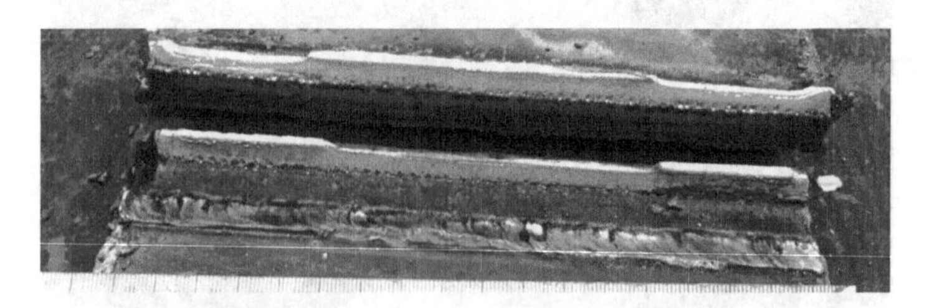

图 1-15　漆膜厚度大于 40μm，待焊接部位去除面板底漆（焊缝根部气孔较图 1-11 明显减少）

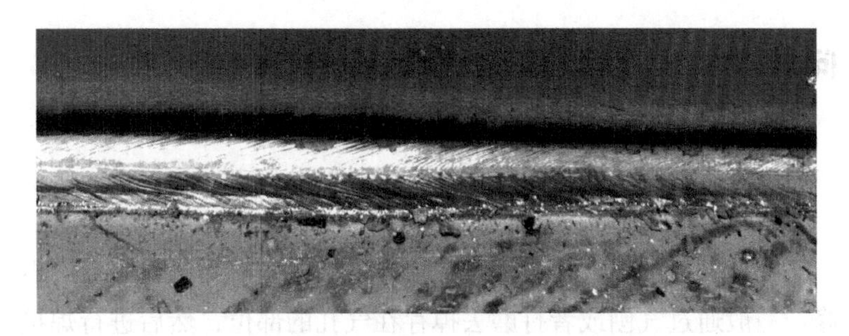

图 1-16　漆膜厚度不大于 40μm，待焊接部位去除面板底漆

（焊缝表面很少见到气孔）

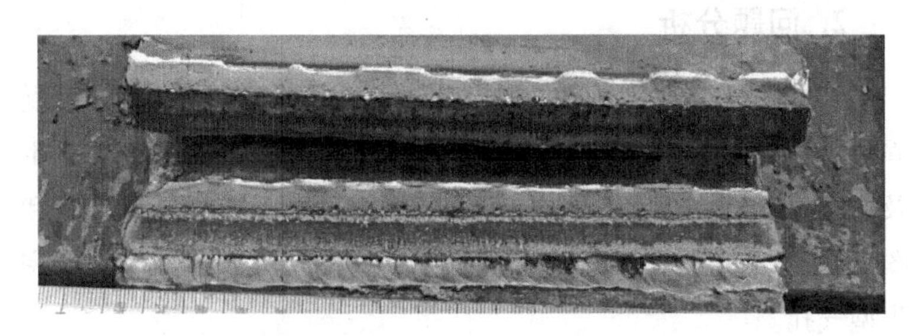

图 1-17　漆膜厚度不大于 40μm，待焊接部位去除面板底漆

（焊缝根部气孔较图 1-15 明显减少）

3. 对策

通过上述试验和分析结果表明，基本能确定影响气孔产生的主要原因是底漆，气孔数量和气孔大小与漆膜厚度密切相关（油漆叠加部位出现气孔的概率变大）。因此在焊前把钢板待焊接部位的底漆彻底清除，才能在焊接过程中避免出现条虫状 CO 气孔和贯穿型 H_2 气孔。

问题 2　焊缝中气孔产生的原因及对策

1. 问题描述

在焊接生产中，焊缝中经常会出现气孔，需要进行大量的返修。一般通过气刨或者打磨去掉存在气孔的部位，然后进行焊接返修，返修后再用无损检测（non-destructive testing，NDT）方法进行检验。

2. 问题分析

气孔被定义为孔穴型不连续缺陷，是由于在焊缝金属凝固过程中因气体溶解度下降而析出的气体，在凝固结束前来不及逸出，残留在焊缝金属的表面或者内部而形成的。图 1-18 和图 1-19 所示分别为焊缝金属表面分散型气孔和焊缝金属内部密集型气孔。

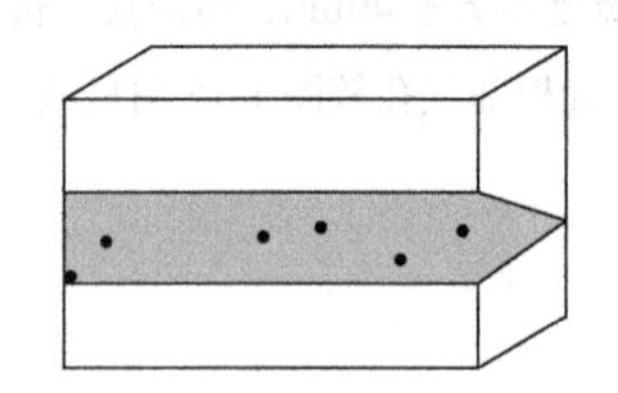

图 1-18　焊缝金属表面分散型气孔

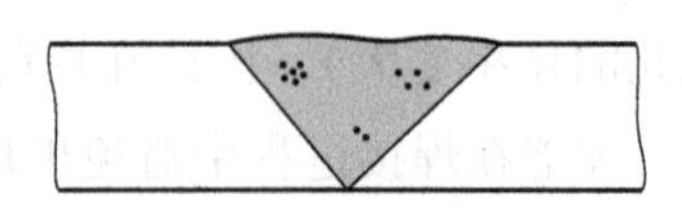

图 1-19　焊缝金属内部密集型气孔

3. 对策

针对焊缝金属表面存在的分散型气孔和内部存在的密集型气孔，给出焊缝中产生气孔的原因和对策，见表 1-1。

表 1-1　焊缝中产生气孔的原因和对策

产生气孔的原因	对　策
在保护气体中含有大量的氢气、氮气、氧气	使用低氢焊接工艺；增加填充金属中的脱氧剂；增大保护气体的流量
凝固速率太快	焊前预热或者增加热输入
母材不干净	清洁接头表面及相邻区域
焊丝不干净	使用特定包装的填充焊丝，并且储存在一个干净的区域
不正确的弧长、焊接电流或者操作	改进焊接规范和技术
从黄铜制品中挥发出锌	使用铜硅填充金属；降低热输入
镀锌钢材	焊前去除锌镀层，或预热，便于焊接时锌的挥发
接头表面或者焊条药皮受潮	按照合理的程序来烘焙和储存焊条并对母材预热
母材硫含量太高	使用碱性焊接材料

问题 3　海洋工程常见焊接缺陷的成因及对策

1. 问题描述

近年来，随着钢结构技术的日益完善，海上油田建设快速发展，海上采油平台、导管架等海洋工程大量生产制造并投入使用。海洋工程如图 1-20，海洋船舶如图 1-21 所示。海洋工程结构中经常会有小夹角焊缝，焊接时难以施焊，焊接后经过超声检测（UT），通常会发现焊缝根部存在未熔合、气孔和夹渣等焊接缺陷。

图 1-20　海洋工程

图 1-21　海洋船舶

在船舶及海洋工程中，为了确保焊接质量，焊接检验过程由焊前检验、焊接过程检验和焊后检验三个环节组成。焊接检验又分为破坏性检验和非破坏性检验。由于焊接检验贯穿于焊接生产全过程，从而极大地避免了出现产品最终报废的现象，大幅度减少了原材料和工时的浪费，以及因拖延工期所带来的经济损失，显著提高了社会效益和经济效益。

2. 问题分析

（1）焊接缺陷产生部位

1）焊趾缺陷：焊接后，对焊缝进行射线照相检测（RT）或 UT 时，通常会发现焊趾部位有细微裂纹。焊工在进行打底焊时，焊缝外观成形良好，但是用打磨机打磨后，在焊趾部位或焊根部位可能发现夹渣或不规则形状的裂纹，特别是在焊接厚板、管桁架或者相贯接口时，此种缺陷表现得更为明显。

2）填充层缺陷：填充焊时，焊缝内部质量达不到要求。主要是由于焊道与焊道之间清理不干净，导致焊缝内部存有夹渣、未焊透、焊道两侧咬肉等焊接缺陷。如果焊道中间凸起很明显，后续焊道焊接时就非常容易出现夹渣、未熔合等缺陷。为了保证焊缝内部质量，每焊一层焊道后要对焊道进行严格打磨。

（2）焊缝外观质量不合格　在对焊缝外观进行检查时，通常会发现焊缝外观存在缺陷。

1）焊缝尺寸和形状不符合要求：焊缝外观形状、尺寸不一致，余高高低不平；焊缝过宽或过窄，余高过高或过低；角焊缝单边等。

2）弧坑：弧坑是焊缝收尾处产生的下塌现象。弧坑处往往是焊缝强度严重降低的部位，此处也是经常发生弧坑裂纹的部位。

3）咬边：焊接参数选择不当，或者操作工艺不正确，使得电弧烧熔母材，在沿着焊趾的母材部位形成的凹陷或沟槽称为咬边。咬边减小了接头的有效承载截面积，减弱了焊接接头的强度，更严重的是造成了应力集中，承受动载荷或交变载荷的结构容易在此处产生疲劳裂纹，导致结构失效。

4）焊瘤：焊瘤是在焊接过程中，熔化的金属流淌到焊缝以外的未熔化母材表面所形成的金属瘤，该处局部未熔合。焊瘤又称为满溢，经常出现在横焊、立焊和仰焊的接头中。焊瘤不仅影响焊缝的成形美观，而且往往掩盖着夹渣、未焊透和未熔合等缺陷，在此处容易产生应力集中，在动载荷服役环境下容易成为疲劳裂纹的启裂源。

5）表面裂纹、夹渣和气孔：

① 焊缝或热影响区出现微裂纹，用肉眼或放大镜可以观察到的称为表面裂纹。裂纹两端呈尖状，而且很容易扩展。

② 残留在焊缝表面的熔渣且植根于焊缝金属内部而不易脱落，称为表面夹渣。条状夹渣对焊缝的使用性能危害更大。

③ 焊缝表面小的孔洞称为表面气孔，有单个气孔，也有连续气孔。单个大的气孔减小了焊缝的有效截面积，降低了焊缝的强度，连续气孔的危害则更大。

（3）焊缝内部质量不合格

1）内部裂纹：存在于焊缝或热影响区内部的裂纹称为内部裂纹。这种裂纹无法用肉眼或放大镜观察到，需要借助专门的仪器设备才能检测到。专门的仪器设备主要是指X射线探伤仪和超声波探伤仪等。

2）未焊透：熔焊时，焊缝根部未完全熔透，称为未焊透。这种缺陷一般会降低焊接接头的力学性能，而且易引起裂纹。

3）未熔合：在焊道与焊道之间或焊道与母材之间未完全熔化结合，称为未熔合。这种缺陷在不同板厚的焊接接头中很容易出现，其危害主要是降低焊接接头的力学性能。

4）内部气孔：焊缝内部有小的孔洞，或单个或连续分布，称为内部气孔。这种缺陷的危害主要是降低焊接接头的力学性能。

5）内部夹渣：残留在焊缝内部的熔渣称为内部夹渣。这种缺陷和焊缝金属内部的气孔一样具有较大的隐蔽性，需要借助专门的仪器设备才能检测到。内部夹渣同样会降低焊接接头的力学性能。条状或连续夹渣容易诱发裂纹，扩展到一定程度后会使结构失效。

3. 对策

1）填充焊时采用小电流多层多道焊，每层焊肉不宜过厚，以便焊道内气体逸出熔池，避免形成气孔等焊接缺陷。为了保证焊缝金属的内部质量，每焊一层焊缝时对焊道进行严格打磨，在盖面焊之前预留 1.5～2mm 盖面余量，以便保证焊缝的外观成形。

2）盖面焊时焊工对盖面焊的作用要明确，焊工的技能水平要达标，避免因焊工不明白盖面焊的作用或者操作技能不过关而导致焊缝两侧出现咬边、夹沟过深、焊脚过大等焊接缺陷，增加焊缝修补工作量，导致生产成本过高。

3）焊缝根部和表面出现的焊接裂纹一般为热裂纹，或叫结晶裂纹。其成因有：熔池中有低熔点共晶，焊接过程中存在拉应力。因此，焊接前要严格检查和清理焊缝坡口的油污、水分、锈斑等附着物，杜绝杂质元素进入焊接熔池以避免形成低熔点共晶液膜；严格控制焊条药皮、焊剂和焊丝等焊接材料中的C、S、P等杂质元素的含量；对厚度大、尺寸大和刚性大的构件，焊接时要注意自身的拘束应力、组织应力、热应力以及残余应力等，防止焊接时焊缝承受较大的拉伸应力；对于弧坑裂纹，要注意采取焊接电流衰减和保护气氛延时停止等措施进行消除。

4）采用合理的焊接方法和工艺，减少焊接应力和变形。要熟悉各种焊接材料和焊接方法及其特点，进而减少焊缝外观出现夹沟及焊脚尺寸偏小或偏大等缺陷。在焊前要确保装配质量，坡口清理干净。如果需要返修时，保证彻底去除缺陷后再进行焊接修复。减少焊接应力的措施主要是保证合理的焊接顺序，对于长焊缝，采用分段退焊；采用锤击法振动消除应力等措施。对有预热与层间温度控制要求的焊缝要做好管控；严格执行焊接工艺规程。

总之，因焊接缺陷而进行返工处理，会增加生产成本，因此只有尽可能了解焊接缺陷的形成机理，掌握相关的焊接理论基础知识，并且拥有达标的焊接操作水平，才能保证焊接质量。

问题4　冷裂纹为什么总是从热影响区开裂？

1. 问题描述

冷裂纹又称延迟裂纹，或氢致裂纹，形成温度是在 Ms 点以下至室温。其基本特征是延迟断裂，断口具有发亮的金属光泽，沿晶或穿晶开裂，属于脆性断裂，经常发生在热影响区，尤其是在有缺口效应的焊接热影响区或物理化学性能不均匀的氢聚集区域，少量发生在焊缝。裂纹的扩展如图 1-22 所示。易出现冷裂纹的被焊材料一般有中、高碳钢，含碳的 NiCrMo 钢，马氏体不锈钢等。

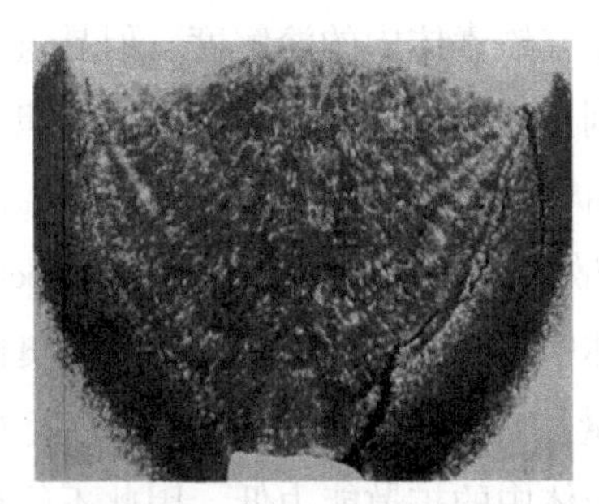

a) 根部裂纹和焊趾裂纹，向焊缝和热影响区扩展

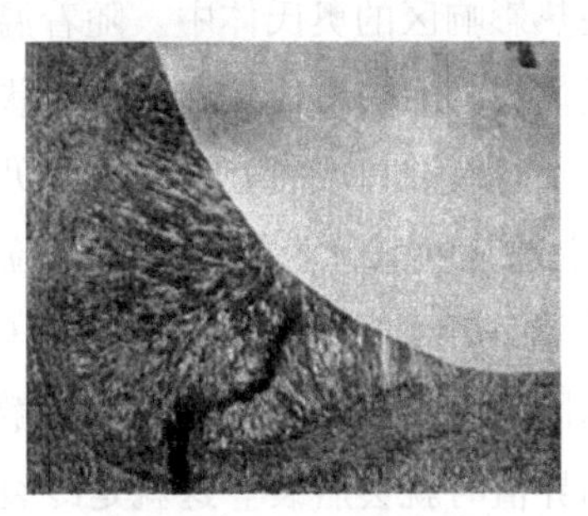

b) 角焊缝根部裂纹，向焊缝扩展

图 1-22　裂纹的扩展

一些淬硬倾向很大的钢种，焊接时即使没有氢的诱发，仅在拘束力的作用下就能导致开裂，开裂完全是由冷却时发生马氏体相变形成的组织脆化造成的，与氢关系不大，基本上没有延迟现象，这种裂纹被称为淬硬脆化裂纹，又称淬火裂纹。

2. 问题分析

（1）氢在碳钢接头中的扩散行为　碳钢和低合金钢焊缝的冷裂纹总是启裂于母材的热影响区，这主要与氢在碳钢和低合金钢焊接接头不同组织中的扩散行为密切相关。大家知道氢在奥氏体中的溶解度高于在铁素体中的溶解度，但是氢的扩散能力在奥氏体和铁素体中则正好相反。当焊缝金属的组织从过冷奥氏体转变为铁素体时，由于铁素体中的氢扩散速度快，因此扩散氢很容易从焊缝金属扩散到焊接热影响区（heat affected zone，HAZ）中未转变的奥氏体中，此时母材热影响区中的奥氏体溶解氢的能力大，接收了大量从焊缝金属中扩散过来的氢而达到过饱和状态。由于氢在奥氏体中的扩散能力低，因此不能很快向远处的母材扩散，就滞留在热影响区的奥氏体中。随着温度的降低，热影响区中的过冷奥氏体在随后由奥氏体转变为粒状贝氏体或者马氏体的冷却过程中，一旦有缺口或者其他缺陷，贝氏体或者马氏体（这两种组织实际上均为铁素体组织，比如，粒状贝氏体就是铁素体基体上分布着 M-A 组元的一种组织形态；马氏体就是碳在 α 铁素体中的过饱和固溶体）里面的氢很快就扩散到缺口处，当该处的氢含量达到临界值时就会启裂。这就是冷裂纹为什么总是从热影响区开裂的机理。

（2）冷裂纹的影响因素　影响冷裂纹的三要素是氢、淬硬组织和应力，所以其产生原因也主要从这三个方面进行分析。

1）焊缝和热影响区中的氢含量过高会使基体组织的晶格变脆，材料的断后伸长率降低；而屈服强度和抗拉强度基本保持不变。

2）钢的淬硬倾向越大（形成孪晶马氏体），越容易产生冷裂纹。

3）焊接条件下存在的应力有因受热不均匀产生的热应力、相变时产生的组织应力、结构拘束条件（刚度、焊缝位置、焊接顺序、自重、负载等）造成的拘束应力。这些应力的综合作用称为焊接应力。一般来讲，板厚越大，拘束应力就越大。实际上，产生冷裂纹的力学行为不是平均的焊接应力，而是在某一敏感部位（缺口、内部缺陷等）达到的最大应力。

3. 对策

（1）冷裂纹的控制机理

1）控制组织硬化。在焊接生产中，母材的化学成分根据结构的使用要求是已经确定的，即碳当量（P_{cm}或 CE）是一定的，为了限制组织硬化程度，唯一的方法就是调整焊接参数以获得适宜的焊接热循环。常用 $t_{8/5}$（800℃冷却到 500℃的冷却时间）或 t_{100}（从峰值温度冷却到 100℃的冷却时间）等作为判据。然而在焊接方法确定的条件下，焊接热输入是不能随意变化的，以防止过热脆化。此时，为获得合适的 $t_{8/5}$，预热是常用的工艺措施。

2）控制扩散氢含量。选用低氢或超低氢焊接材料，并防止埋弧焊焊剂和焊条药皮再吸潮，采取预热及后热措施。

3）控制焊接应力。从设计到焊接工艺制定，都力求减小刚度或拘束度。调整焊接顺序，使焊缝有收缩的余地。

（2）现场工艺措施　以上是从宏观上给出的控制机理，焊接施工时如何进行管控，下面给出具体的现场工艺措施。

1）合理选用焊接材料。采用低氢或超低氢焊材，减少焊缝金属中扩散氢的来源，从而降低焊缝金属中的氢含量。

2）烘干焊材。焊条和焊剂在使用之前应严格按照规定进行烘干。此外，还应仔细清理焊接坡口和焊丝上的油污、水分和锈斑等脏物，以减少氢的来源。

3）采用适当的焊接参数。选择合理的焊接规范和热输入，如焊前预热、控制层间温度、焊后缓冷等，改善焊缝及热影响区的组织状态。

4）焊后及时进行热处理。焊后应立即进行200～350℃的后热处理，使扩散氢从焊接接头中充分逸出；进行去应力退火处理，消除焊接残余应力，改善其塑性和韧性。

5）焊装顺序合理。采取合理的工艺及焊装顺序，以降低焊接应力，从而保证不产生冷裂纹。

4. 层状撕裂

层状撕裂有时候也被认为是冷裂纹的一种，至少是由冷裂纹诱发的一种失效破坏方式。层状撕裂的形成温度在400℃至室温附近，其基本特征是沿轧制层（简称轧层）呈阶梯状开裂，断口分布有夹杂物。层状撕裂一般出现在热影响区轧层之间或者热影响区以外的母材轧层中，沿晶或穿晶开裂，层状撕裂示意图和焊缝中的层状撕裂裂纹如图1-23所示。出现层状撕裂的被焊材料通常是含杂质较多的低碳钢或低合金高强度钢厚板的T形接头、角接接头和十字接头等。

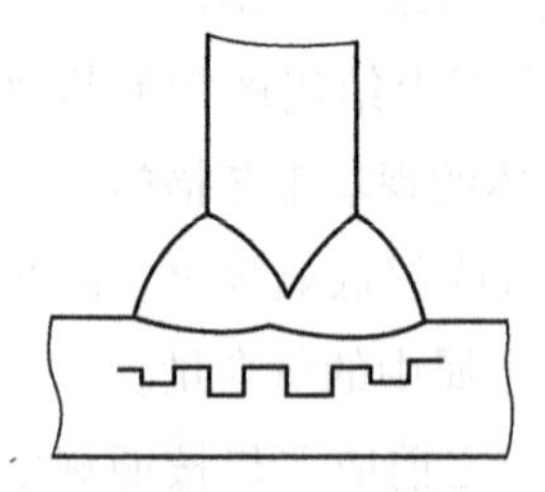
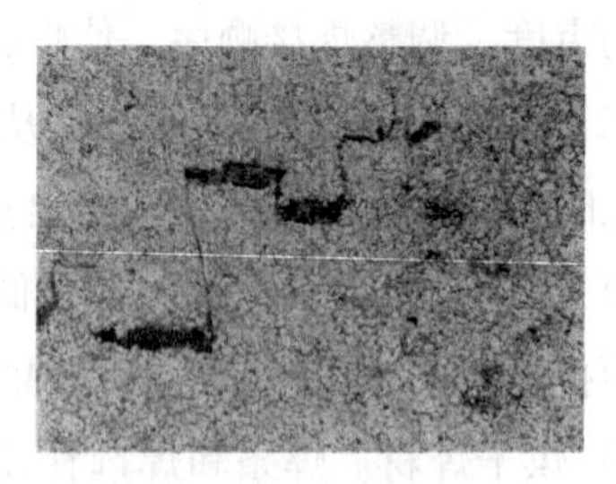

图1-23　层状撕裂示意图和焊缝中的层状撕裂裂纹

层状撕裂的形成机理一般认为是，在轧制过程中钢中被轧成平行于轧向的带状夹杂物使钢的力学性能呈现各向异性，在平行于钢板表面的方向上，钢的综合性能良好，在垂直于钢板表面的方向上，钢的性能比较差。厚壁构件的母材，在厚度方向上产生很大的拉伸应力和应变，当应变超出母材的塑性变形时，夹杂物与基体发生分离产生微裂，并沿着夹杂物所在的平面扩展成平台，相邻两个平台由于不在一个平面上而发生剪切断裂，构成了层状撕裂特有的阶梯状（图 1-23）。

影响层状撕裂的因素有非金属夹杂物种类、数量、分布形态、Z 向拘束应力和扩散氢等。对于对层状撕裂要求高的结构通常选用具有抗层状撕裂的钢材，比如 Z 向钢。工程实践表明，降低钢中夹杂物的含量和控制夹杂物的形态，是提高钢板厚度方向塑性的根本措施。在设计和施工工艺上应避免 Z 向应力和应力集中，减少和避免单侧焊缝，双侧焊缝可缓和根部焊缝区的应力状态；还应避免在承受 Z 向（板厚方向）应力的板上开坡口。在设计和工艺上控制层状撕裂的发生如图 1-24 所示。为防止由冷裂纹引起的层状撕裂，应尽量采用一些防止冷裂的措施，如减少接头中扩散氢的含量，适当提高预热温度，控制层间温度等；在结构设计和焊接工艺方面，采取的措施主要是着力减小板厚方向上的焊接拉应力，以此来降低层状撕裂的敏感性。

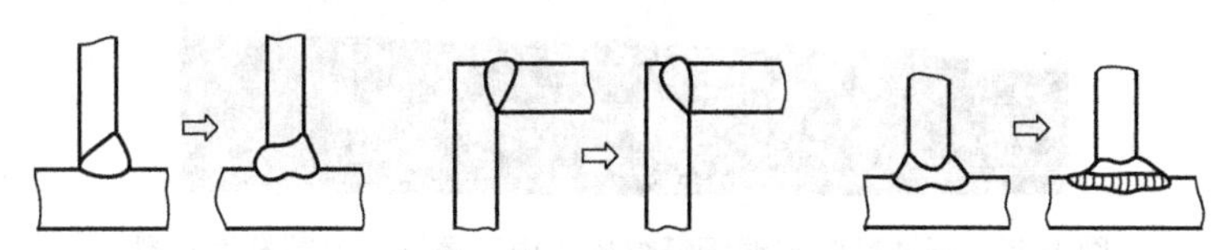

图 1-24　在设计和工艺上控制层状撕裂的发生

问题 5　焊缝或热影响区中出现液脆的问题及对策

1. 问题描述

在涉及两种熔点相差比较大的材料的焊接时，容易出现一种裂纹，这种裂纹可以归结到热裂纹。这种热裂纹的启裂源于高熔点金属与低熔点金属的界面处，低熔点金属沿着高熔点金属的晶界扩散或者渗入高熔点金属的焊缝或者母材中，在应力作用下发生沿高熔点金属的晶界开裂的现象。

例如，在不锈钢管和铜管钎焊时，采用磷铜钎料火焰钎焊。为了改善不锈钢管表面的润湿性，在不锈钢管的管壁先涂覆一层铜膜，然后火焰钎焊。焊后渗透检测时在不锈钢管侧发现裂纹，如图 1-25 所示。

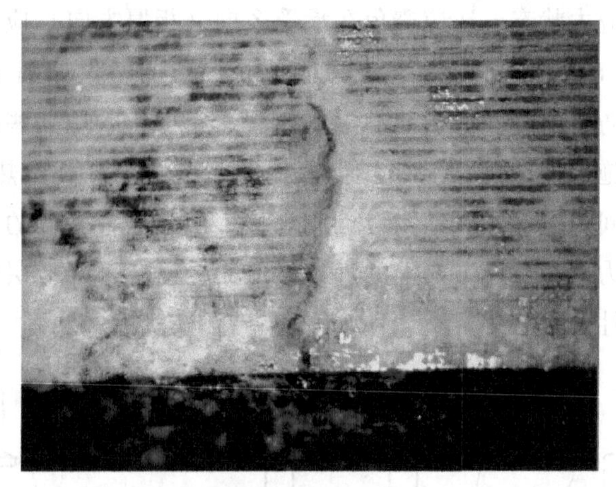

图 1-25　不锈钢管与铜管钎焊接头中不锈钢管内壁发生开裂

2. 问题分析

将管接头解剖后制备金相试样，发现裂纹是由不锈钢管内壁启裂，沿晶界扩展形成裂纹，晶界上分布有铜膜，如图 1-26 所示。由此推测，熔融的铜钎料在钎焊过程中沿不锈钢晶粒的晶界扩散渗入，在焊接热应力下发生开裂。

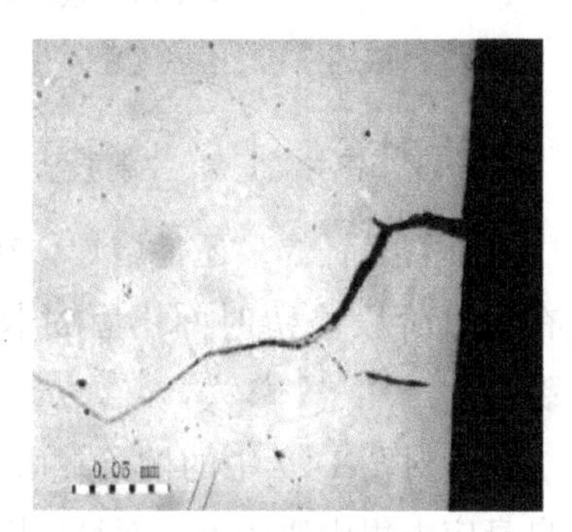

图 1-26　沿不锈钢管内壁开始启裂并扩展的沿晶裂纹，晶界上有铜膜存在

这种现象不仅出现在不锈钢管和铜管的磷铜钎料钎焊的接头中，同样，在其他材料的接头中也可能出现类似的裂纹。例如，一台固定管板式换热器，换热管材质为 904L（该材料本身含有质量分数为 1.4%的铜），管板材质为 Q355，Q355 上堆焊有 12mm 的 904L，该换热管与管板的角焊缝采用半自动钨极氩弧焊，当焊接完第二层后，部分换热管端部出现裂纹。换热管和管板的角焊缝如图 1-27 所示。带裂纹的接头解剖后，在裂纹断口面上发现有铜膜，该区域的铜含量约 77%（质量分数）。

a) 管板接头实物

b) 换热管端部裂纹实物

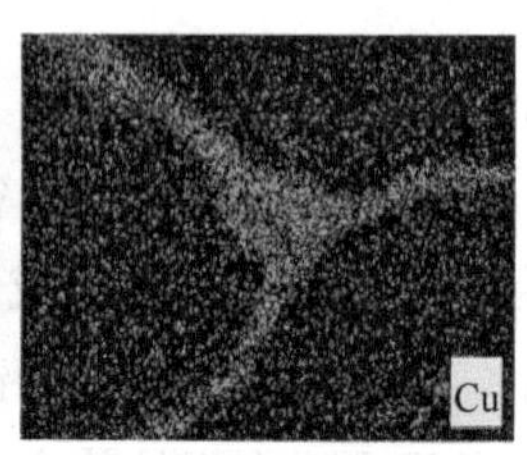

c) 晶界上铜元素富集

图 1-27　换热管和管板的角焊缝

3. 对策

不管是钎焊，还是熔焊，在焊接时应严格控制加热的温度，在高温阶段停留时间不宜过长，这样就可以有效地避免这类裂纹。

针对图 1-27 中的例子，由于换热管与管板之间的角焊缝处自身应力集中比较大，而且周围还有其他的管板角焊缝，焊接时的加热和冷却互相影响，因此存在的应力比较大。在这种情况下，现场采取的措施是减小角焊缝的焊脚，尽量一次焊接成形（第一圈不填丝焊平，第二圈填丝形成角焊缝，避免焊第三圈焊缝或者部分位置的补焊），用小的焊接热输入，合理地设计焊接顺序等。

第 2 章 焊接工艺与变形控制问题

焊接过程是不均匀的加热和冷却过程，焊件上形成的焊接残余应力和变形大小主要取决于焊接热过程及受拘束的条件。焊接加热（高温）时焊缝受热膨胀，焊缝两侧的母材金属阻碍其膨胀，导致焊缝受到压应力，焊缝两侧的母材金属受到拉应力；焊接冷却时，焊缝收缩，但两侧母材金属阻碍其收缩，导致焊缝受到拉应力，两侧母材金属受到压应力。如果焊接接头中局部区域的应力超过了母材的屈服强度，则会产生永久的变形和焊接残余应力。根据形式的不同，变形主要分为：局部变形、整体变形；纵向变形、横向变形、角变形和波浪变形等。

焊接变形的影响因素比较多，主要有以下几个方面：

1）材料的热物理性能及金属微观组织特征。

2）焊接热输入大小（一般热输入越大，冷却时收缩就越大）。

3）焊缝的对称性（如果焊缝所处的位置是对称的，能有效地改善弯曲、扭曲及角变形的发生）。

4）结构条件及焊缝的焊接次序。结构刚性越小、焊接次序越不对称，变形就越大；同样条件下先焊的焊缝比后焊的焊缝所产生的残余变形大。

5）焊接时的夹紧状态。

焊接接头中存在残余应力与变形，会对焊接结构的质量和可靠性带来影响，主要表现在以下几个方面：

1）焊接应力会随载荷的增加而造成工件损坏。

2）在动载荷情况下，残余拉应力会加速疲劳裂纹的启裂和扩展。

3）在腐蚀介质中工作的结构，残余拉应力会加速应力腐蚀裂纹的扩展。

4）对薄板受压件，残余压应力与工作应力叠加会导致其发生失稳失效。

5）工件焊后进行加工时，加工过程中焊接应力的重新平衡有可能导致工件尺寸发生变化，从而产生误差。

从以上分析可知，焊接过程中形成的残余应力和变形，影响因素很多，对焊接结构的安全服役性能影响很大。遇到该类现场焊接问题时，一般只能通过调整焊接工艺予以解决。本章从焊接工艺的角度出发，对焊接变形的管控进行分析，并给出对策。

问题 6　对接长焊缝焊接变形的预防和控制

1. 问题描述

对接长焊缝的焊接，经常出现的问题就是焊接变形失控，由此造成变形超过标准要求，或者达不到产品的焊接质量要求。在对接长焊缝的焊接过程中，随着填充金属的过渡，在焊件上形成了热积累，局部热胀冷缩造成的焊接应力越来越大，极有可能把未焊接部位的定位焊焊缝直接撕裂开，使焊接间隙成为一个喇叭形，即远处的焊接间隙逐渐增加，熔融的填充材料要填满焊接间隙，需要的量就越来越多，从而造成更大的应力以及更严重的焊接变形。如果焊接产品涉及多个长焊缝，在最后合拢部位的长焊缝的焊接间隙，有可能会形成一种随时变化的间隙，有的地方间隙变大，有的地方间隙减小，严重时甚至会造成错边。对于这种需要合拢的焊接产品，对最后一道焊缝的焊接间隙，有一种形象的说法叫会呼吸的焊缝，由此说明，在对接长焊缝焊接过程中，不可避免地产生焊接应力和焊接变形，必须要重视这一现场焊接难题，并予以解决。

2. 问题分析

焊接残余应力和变形的产生在焊接过程中是不可避免的，这主要和焊接热过程引起的焊接应力有关。既然不可避免，所以只能从焊接工艺措施上予以缓解，比如，大型焊接结构分段制造，合理地设计焊接顺序，小热输入的焊接规范，多层多道焊减小每一次焊接的热积累和对称安排焊缝等。通过以上工艺措施可以部分抵消焊接应力与变形，或者把焊接应力与变形控制在可接受的范围内，从而控制焊接产品最终的焊接应力与变形。

3. 对策

（1）对接长焊缝的焊接工艺要求

1）对接焊缝的打底焊，应根据板厚和空间位置来选择焊条直径，一般采用直径为 $\phi3\sim\phi4$mm 的焊条，严禁用 $\phi5$mm 的焊条进行打底焊。

2）多层焊时，每焊一道焊缝必须清除前一道焊缝的焊渣和飞溅，并在修补缺陷后才能继续施焊。

3）横向长焊缝焊接时，由偶数的焊工从中间向左右两侧对称地焊接，每侧可采取分段焊接，整条焊缝的打底焊全部结束后，才能焊接以后各层焊缝。

4）如果长焊缝有十字接头，应先焊接纵向焊缝，后焊接横向焊缝。

5）当间隙过大时，应先进行坡口边堆焊，再进行正常焊接。

（2）对接长焊缝的焊接顺序

1）对于拼板焊接，应先焊短焊缝，再焊长焊缝。

2）在分段制造中，当存在对接焊缝和角接焊缝的情况下，先焊接对接焊缝，再焊接角接焊缝；在角接焊缝的焊接时，应先焊接立角焊缝，再焊接平角焊缝。

3）分段制造常见的焊接结构时，为了防止裂纹或因残余应力诱发的开裂，通常在端部留出200~400mm暂时不焊。

4）分段制造中，为防止焊接变形，通常对长焊缝应根据焊缝长度采用合理的焊工安排和焊接顺序。施焊时，应按从中间向左右，或者从中间向前后的顺序进行施焊；对称结构应由偶数焊工同时进行对称焊接。对一条长焊缝进行焊接时，应视焊缝在焊接结构中所处的位置，由靠近结构中央的一端向结构边缘的一端施焊或从焊缝中点向两端施焊。

5）定位焊的要求：定位焊长度为30mm，间距为300mm。

（3）船体建造时各阶段的焊接顺序

1）在进行长焊缝拼板焊接时，根据板缝的排列情况，焊接顺序可按图2-1进行。

2）大板与各构件间的角焊缝的焊接顺序如图2-2所示，其中图2-2a适合于对称结构。

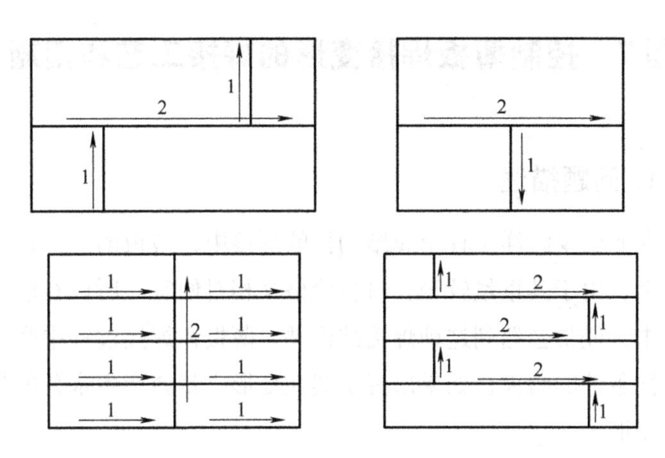

图 2-1　长焊缝板列拼板焊接顺序

3）如角焊缝的端部位于分段的合拢边，则在该端部应留出约 200mm 的长度暂时不焊，待合拢时再焊，如图 2-2c 所示。

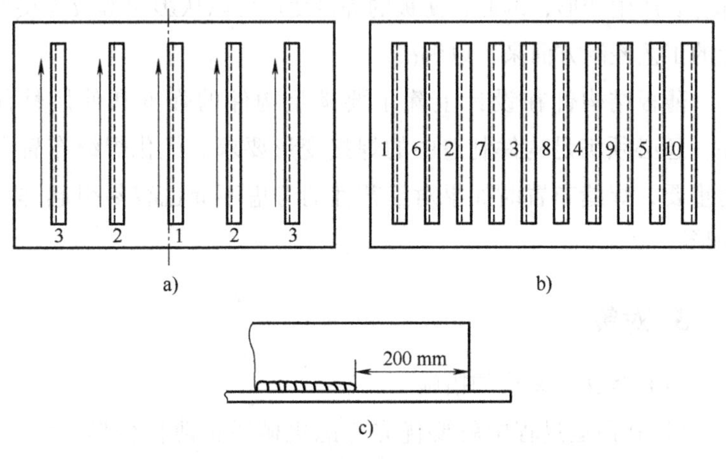

图 2-2　构件角焊缝的焊接顺序

问题 7　控制薄板焊接变形的焊接工艺和措施

1. 问题描述

在船舶及海洋工程金属结构件的焊接中，薄板的焊接占很大的比例，由于其重量较轻，材料价格又相对便宜，所以在船舶的建造中，经常会遇到这种焊接结构件。薄板在焊接过程中受到构件刚性条件的约束，如果出现了塑性变形，就会产生永久的焊接残余变形。

2. 问题分析

影响焊接变形最根本的因素就是焊接过程中的热变形和焊接构件的刚性条件。薄板在焊接过程中，焊接热过程本身就是个不均匀的快速加热和快速冷却的过程，焊接过程中及焊后焊接构件都容易产生变形，因此，薄板的焊接变形可以从影响薄板焊接变形的工艺控制方面来予以解决。

薄板结构件在设计上除了要满足构件的强度和使用性能外，还必须满足构件制造中的焊接变形要求。优化焊缝布置尤为重要，焊缝布置时如果对工艺性的考虑不周也容易引起焊接变形。

3. 对策

（1）焊接前采取的措施

1）在吊运过程中就要优先考虑机械矫正薄板变形，因此，薄板吊运优先考虑磁力吊具。材料厚度 $t \leqslant 4$mm 的薄板，下料前必须先送九芯辊滚平，消除薄板自身的变形。

2）零件矫正：$t \leqslant 8$mm 的拼板零件和 $t \leqslant 4$mm 的零件下料后送九芯辊滚平消除切割热应力，再送拼板工位和小组工位。

3）拼板矫正：$t \leqslant 8$mm 且宽度$\leqslant$3900mm 的拼板焊接后滚平消除焊接变形，然后再安装骨材。

（2）在焊接装配过程中采取的措施

1）薄板的定位焊长度约为 10mm，定位焊间距约为 100mm，严格控制焊缝的余高在标准要求范围内。

2）引弧板和引出板的尺寸为 100mm×400mm。

3）定位焊位置在板材的两端或焊缝两侧。定位焊尺寸过小可能导致焊接过程中产生开裂，从而使焊接间隙得不到保证；如果过大可能导致焊道背面未熔透，影响接头的外观连续性。定位焊的顺序、焊点距离的合理选择也相当重要。

4）拼板固定方式：平行于焊缝采用槽钢封固，四周用码板固定，间距为 500mm。

5）片体焊前加强：片体骨材两端用卡码固定，空档部位采用厚板条压固，以增加构件的刚性，从而减小焊接变形。刚性固定加强如图 2-3 所示。

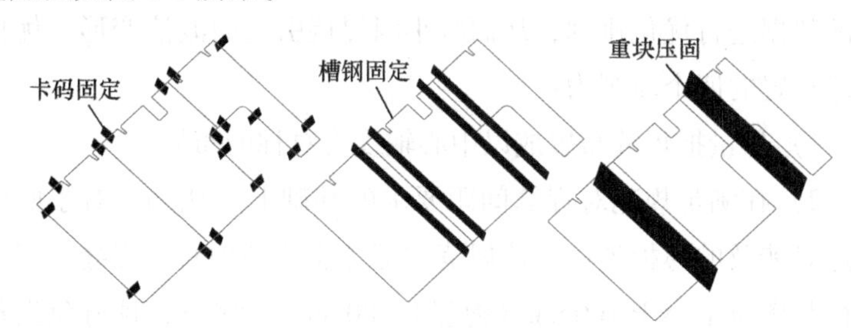

图 2-3　刚性固定加强

6）装配顺序注意尽量避免强行组装，并核对坡口形式、坡口角度和组装位置。

（3）在焊接过程中采取的措施

1）角焊缝采用焊接小车焊接（自动焊），焊接顺序为从中间往两侧焊接。

2）合理选择焊接方法，不同的焊接方法形成的热变形也不相同。一般来说，自动焊比手工焊电弧热量集中，受热区窄，变形较小。CO_2 气体保护焊电流密度大、加热集中、变形小。

3）减少焊接热输入。热输入越大，单位时间内填充材料熔化的量就越多，焊接变形也就越大。

4）焊接过程中连续焊、断续焊的温度场不同，产生的热变形也不同，通常连续焊变形较大。

5）焊接工艺是钢结构施工中的重要工艺之一。合理的焊接工艺是减小焊接变形，减小应力集中的有效方法。

（4）在焊接设计中要考虑的一些问题　在施工设计图样上，焊缝的布置是根据具体的产品结构设计和板材的规格来决定的。实际采购的板材规格往往与设计的规格有所不同，需要重新布置焊缝；同时，设计图样中的焊缝布置往往对工艺性考虑不周，容易引起焊接变形。所以施工前必须仔细分析焊缝布置情况，对实际的数据进行优化排列，从而减小因焊接引起的波浪变形。优化焊缝布置的四个原则为：

1）尽量把焊缝布置成以中心轴线为对称的布局。

2）在满足规范对焊缝间距要求的基础上［比如，对于船舶建造时涉及的薄板焊接，按规范“船体主要结构对接焊缝之间的平行距离应不小于100mm（海船）、80mm（河船），且避免尖角相交；对接焊缝与角接焊缝之间的平行距离应不小于50mm

(海船)、30mm (河船)”], 应把焊缝设置在结构件附近, 借助结构件的刚性来减少焊缝变形。

3) 多板组成的壁板和平台尽量使用大板, 减少焊缝数量。

4) 焊缝相交时, 尽量布置成十字接头, 避免 T 字接头的出现。

因此, 为了控制薄板构件的焊接变形, 应尽可能采取有效措施, 比如: 将构件分为若干小部件与构件分段, 使焊接变形分散在各个部件上, 从而便于对构件变形的控制与矫正。使各部件焊缝的布置以构件分段截面中性轴为对称或接近截面中性轴, 避免焊接后产生扭曲和过大的弯曲变形。对每一条主要焊缝, 尽可能选择小的焊脚和短的焊缝; 避免焊缝过分集中和交叉布置。尽可能采用宽而长的钢板或能减少焊缝数量的结构形式等。

(5) 在焊接结束后采取的措施

1) 焊接后, 当出现板材焊件的波浪变形时, 要采用火焰矫正的办法予以矫正, 在矫正时应明确不同结构和不同部位的波浪变形而选择不同的加热方法 (主要有点状加热、线状加热和三角形加热) 来解决焊接变形。

2) 在矫正施工中, 严格执行规定的工作程序和选定的火焰参数, 特别要严格控制加热温度, 不得随意更改。

3) 严禁用铁锤敲击, 只能用木锤和塑料锤敲击。

4) 焊接后板件出现局部凹凸变形时, 可采用小火圈加热的方式, 火圈直径为 20mm, 从外到内, 火圈疏密视情况而定, 一般间距为 50~100mm。

5) 焊接后板件的纵向波浪变形, 可在加强肋两侧边缘采用条形加热或隔档加热的办法控制总体变形。

6) 同一部位加热次数不得超过 3 次。

7）薄板焊接采用 CO_2 气体保护焊，可显著减少焊接热输入。CO_2 气体保护焊的电弧热量集中，能量密度高，加热面积小，热效率为50%~70%，焊速快。同时，CO_2 气流具有较大的冷却作用。相比较而言，焊条电弧焊的电弧热量大，焊速较慢，加热面积大，热效率为70%~85%，因此，焊接变形较大。所以，采用 CO_2 气体保护焊时，热影响区和焊接变形都较小，对控制板材焊后波浪变形，尤其是对控制薄板焊接变形是十分有效的。

问题8　如何确定十字交叉与T字交叉焊缝的焊接顺序？

在船舶建造过程中，特别是在大合拢焊接过程中，有很多十字交叉与T字交叉焊缝，如何保证合理的焊接顺序，控制总体的建造精度？下面以图2-4所示的典型环形总段焊接顺序为例进行说明。

分段合拢顺序参见船舶规范中的标准要求。

（1）纵向合拢焊缝　按图2-4中的a→b→c→d→e的顺序将底部、舷侧、甲板等分段合拢焊接成环行总段。

（2）横向合拢焊缝　按图2-4中的1→2→3→4→5→6→7的顺序完成相邻总段间的合拢焊接，但各横向合拢焊缝应在与之相交的纵向合拢焊缝完成后焊接，即标为1、3、5的焊缝应分别在a、c、e完成后再焊接。

（3）纵、横舱壁合拢焊缝　纵壁之间的对接立焊缝→纵壁与内底的平角焊缝→纵壁间构架的焊接→纵壁与横壁间对接立焊缝→横壁与内底的平角焊缝→横壁间构架的顺序焊接。

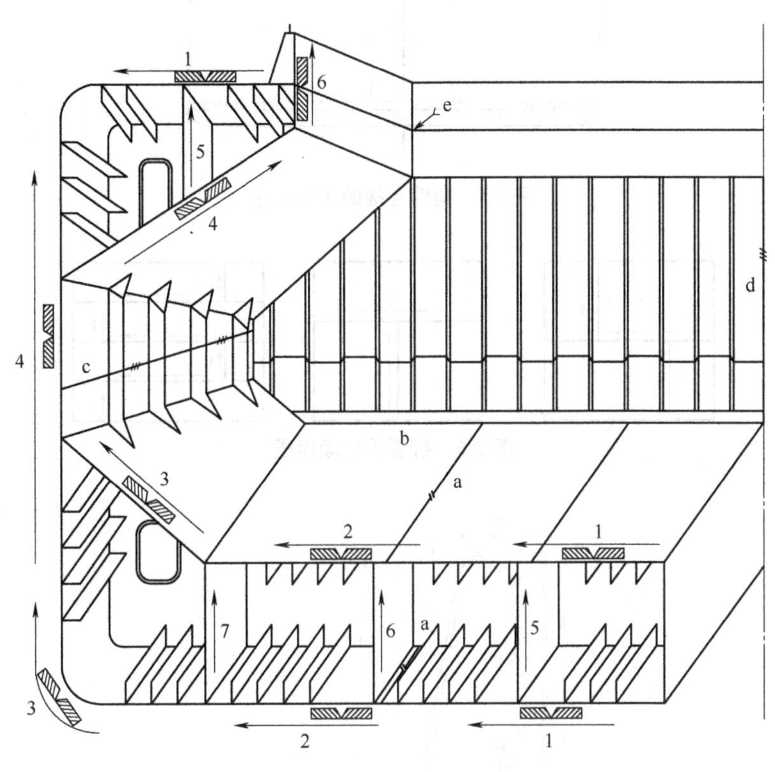

图 2-4　环形总段焊接顺序

（4）构件合拢部位　如图 2-5 所示，焊接顺序为：1 板的对接→2 构件的对接→3 构件和板间的角焊缝。

（5）十字接头合拢处的焊缝　如图 2-6 所示，先焊纵向焊缝 1，刨掉交叉部位的焊肉，磨出横向坡口，再对横向焊缝 2 进行焊接。

（6）舱口围合拢　舱口围合拢焊缝的焊接顺序如图 2-7 所示。

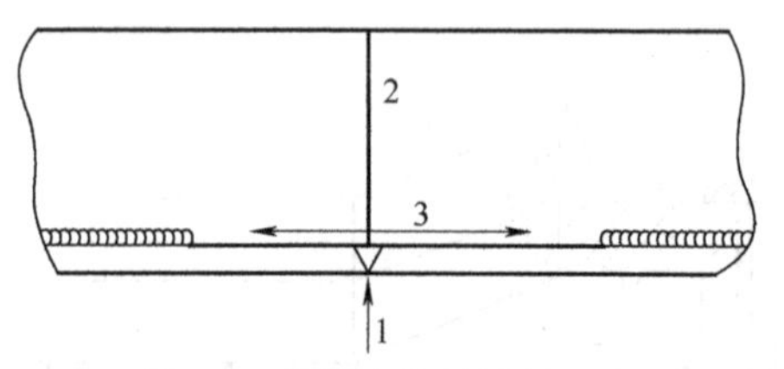

图 2-5 构件合拢的焊接顺序

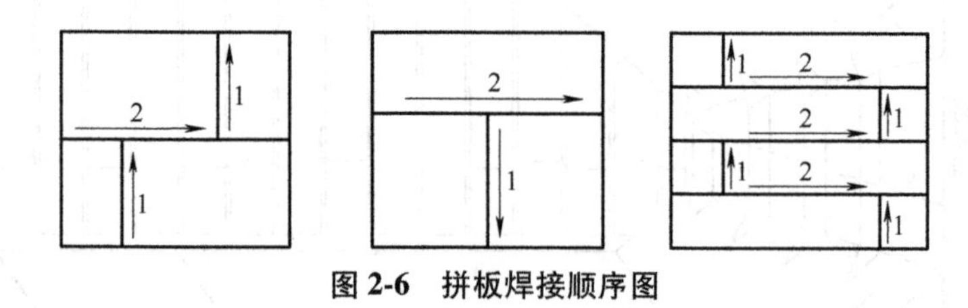

图 2-6 拼板焊接顺序图

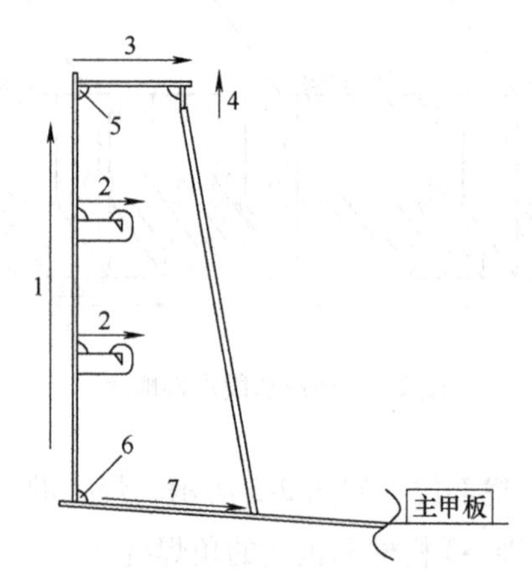

图 2-7 舱口围合拢焊缝的焊接顺序

1—采用分段退焊的方法焊接舱口围腹板的合拢焊缝 2—焊接加强肋间的对接焊缝 3—焊接舱口围面板间的合拢焊缝 4—焊接扁钢间的对接焊缝 5—焊接舱口围腹板与面板间的角焊缝 6—焊接舱口围腹板与主甲板间的角焊缝 7—焊接大肘板与主甲板间的角焊缝

问题 9　船体建造中典型节点部位的焊接顺序

（1）船体内部的桁、肋及构架的焊接顺序控制　按图 2-8 安排内部构件的焊接顺序。船体内部的板材、肋及构架与平板等的焊接顺序应符合下列要求：

1）焊接结构中同时存在对接焊缝与角接焊缝时，应先焊对接焊缝，后焊角接焊缝，具体顺序如图 2-8a 所示。

2）结构中同时存在立角焊缝与平角焊缝时，应先焊立角焊缝，后焊平角焊缝，具体顺序如图 2-8b、c 所示。对于较长的立角焊缝，其下面应有 300mm 的向上立焊，具体顺序见图 2-8d 所示。

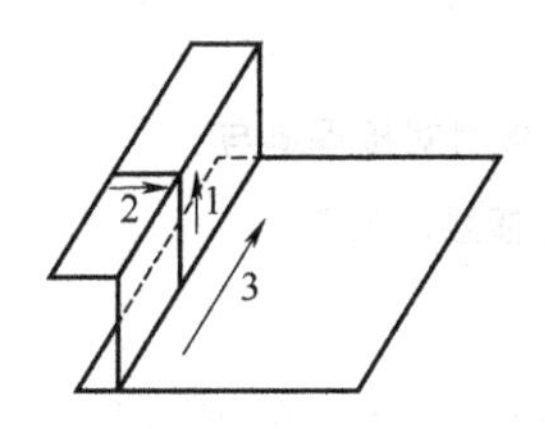

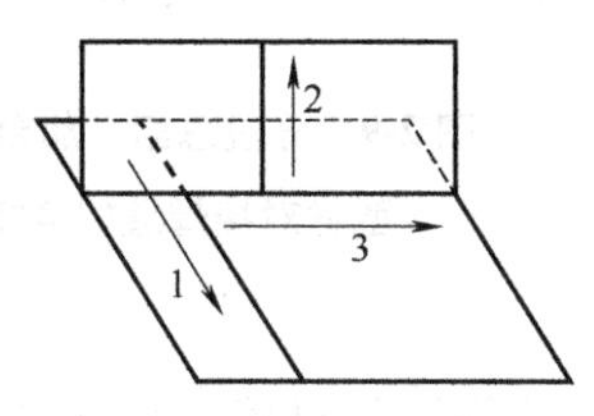

a) 对接与角接焊缝顺序

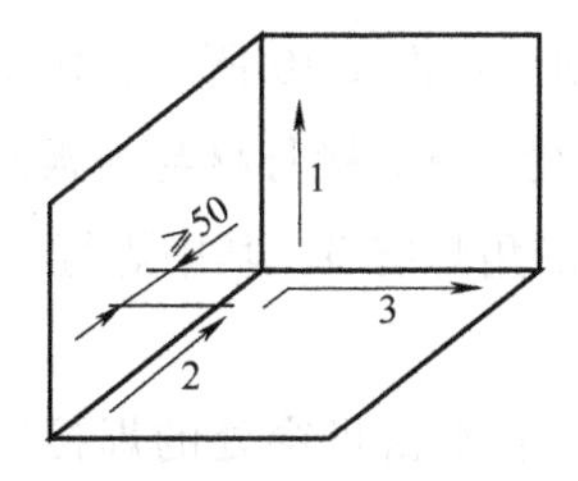

b) 结构内部连续角焊缝顺序(短焊道)

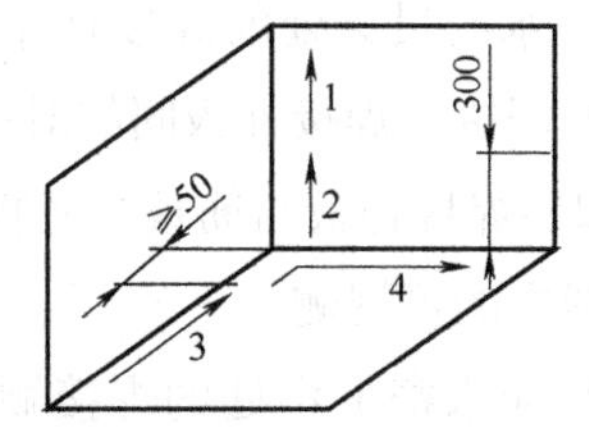

c) 结构内部连续角焊缝顺序(长焊道)

图 2-8　内部构件的焊接顺序

3）对于结构内部的连续角焊缝，其引弧、熄弧点应离拐角处大于50mm，如图2-8c、d所示。

（2）分段总组、船台合拢板材对接焊缝与型材对接焊缝相连接的焊接顺序控制　板材对接接头交叉焊缝的焊接顺序如图2-9所示，前一道焊缝焊完后，交叉坡口内的焊缝金属应清理干净，并修整好坡口后再焊下一道焊缝。图中 * 是留焊区，其长度除其他文件技术有要求外，一般规范要求为200~300mm。

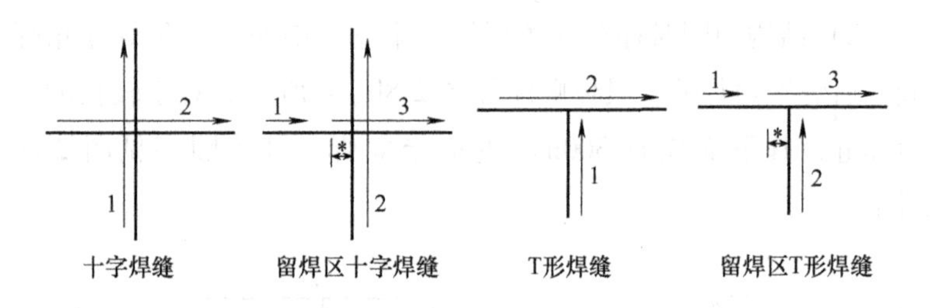

图2-9　分段总组、船台合拢板材对接焊缝与型材对接焊缝相连接的焊接顺序控制

（3）角焊缝与对接焊缝交叉的焊接顺序　角焊缝与对接焊缝交叉的焊接顺序安排见表2-1。

（4）水密贯穿处的焊接顺序控制　如图2-10所示，按下述顺序进行焊接：焊接补板间的对接焊缝1→焊接骨材与补板间的角焊缝2→焊接补板与筋板、底板间的角焊缝3。其中焊缝2、3应先焊图中的可视侧。

（5）非水密贯穿处的焊接顺序　非水密贯穿处的焊接顺序安排如图2-11所示，先焊图中的可视侧，两侧均按图示顺序焊接。

表 2-1　角焊缝与对接焊缝交叉的焊接顺序

图　　示	说　　明
换板　该段角焊缝留出不焊，换板后再焊　150	1. 原则上，先焊对接焊缝，后焊角焊缝 2. * 为留焊区。其长度除其他文件有要求外，一般为 200~300mm

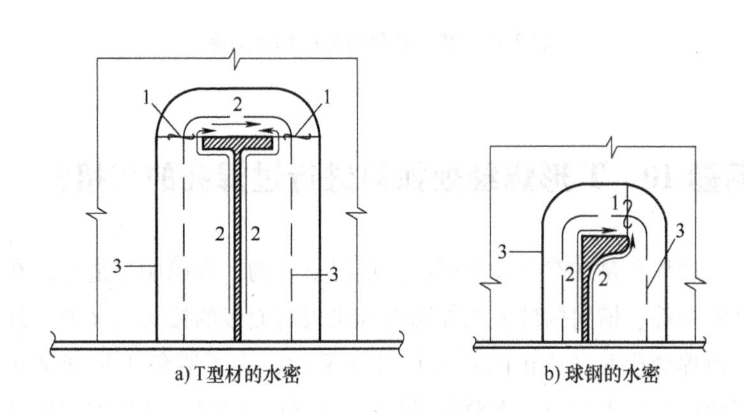

a) T型材的水密　　b) 球钢的水密

图 2-10　水密贯穿处的焊接顺序

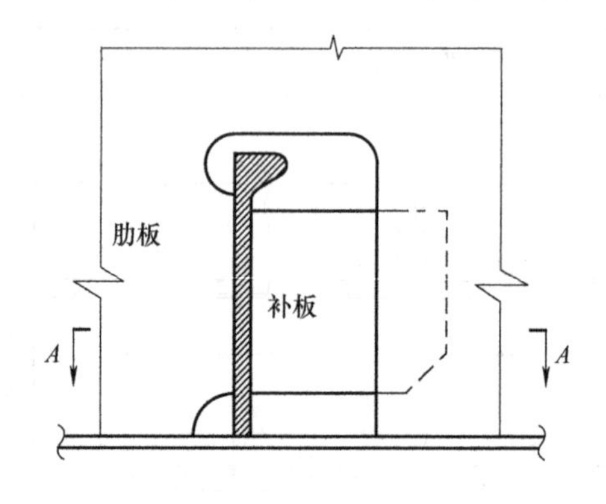

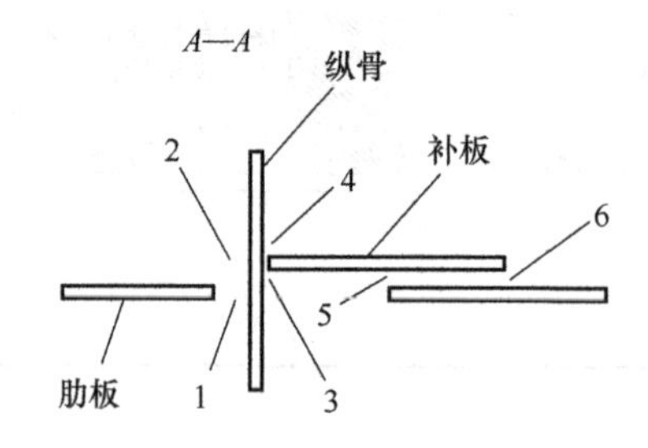

图 2-11 非水密贯穿处的焊接顺序

问题 10 T 形焊缝处如何进行过焊孔的焊接？

过焊孔是在有交叉角焊缝的情况下开的，在船舶建造中，在纵向构件、横向构件和加强肋板等腹板与面板的接头交叉处，外壳板焊缝背面（或正面）与构件交叉时，为了避免 T 形交叉角焊缝处的应力集中，需要留过焊孔。构件与焊缝交叉处焊接的具体实施见表 2-2。

表 2-2　构件与焊缝交叉处焊接的具体实施

焊接构件	构件焊接部位		图示要求	说明
纵向构件、横向构件和加强肋板等腹板与面板的接头交叉处	腹板与面板对接接头错开时		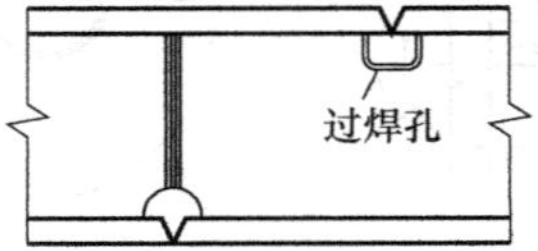 过焊孔	1. 过焊孔形状 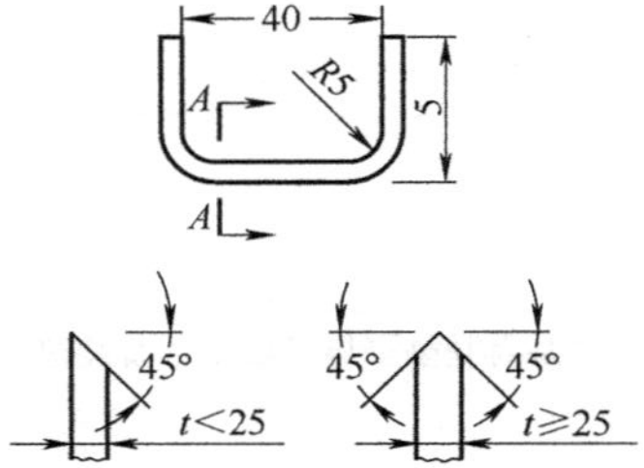 40　R5　5　A　A 45°　$t<25$　45°　45°　$t\geqslant 25$ A—A 2. 焊缝焊完后，将过焊孔堵焊 3. 当采用陶瓷衬垫焊接时应开设相应的过焊孔
	腹板与面板对接接头成一条线时		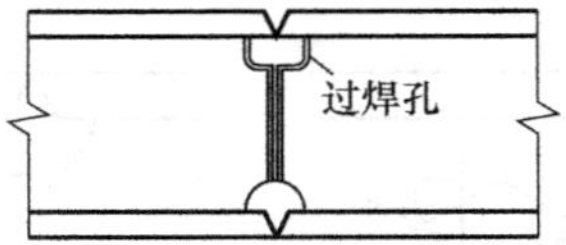 过焊孔	
外壳板焊缝背面与构件交叉时	交叉构件为非水密结构时		按所用焊接方法的要求，在交叉构件上可设相应的过焊孔	焊缝焊完以后，将过焊孔堵焊
	交叉构件为水密结构时	使用衬垫		
		不使用衬垫	开半圆形过焊孔 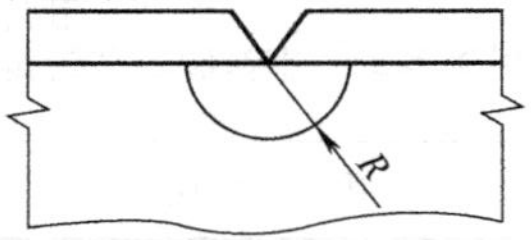 R R 的大小按所用焊接方法的要求确定	

（续）

焊接构件	构件焊接部位	图示要求	说明
外壳板焊缝正面与构件交叉时	交叉构件为非水密结构时	按所用焊接方法的要求，在交叉构件上可设相应的过焊孔	—
	交叉构件为水密结构时	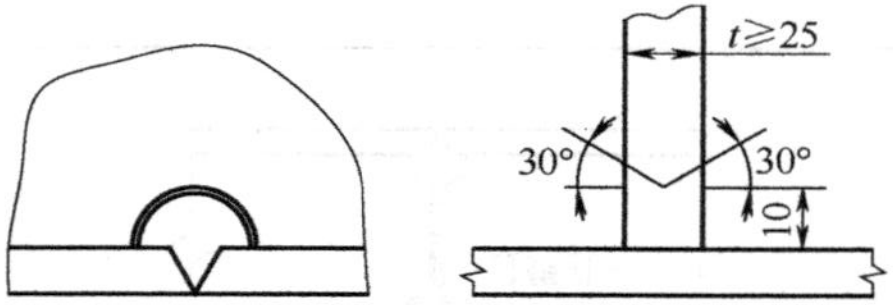 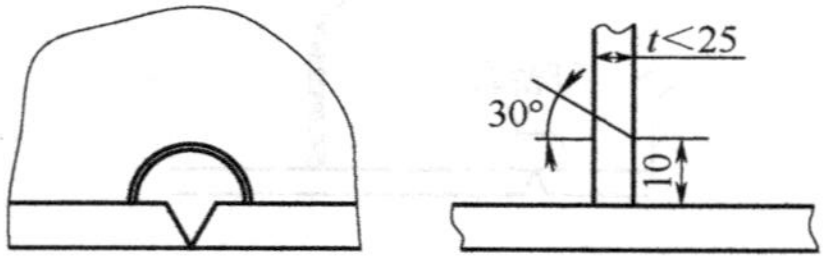 $t \geqslant 25$　30°　30°　10 $t < 25$　30°　10	焊缝焊完以后，将过焊孔堵焊

问题 11　角焊缝的焊脚是否越大越好?

1. 问题描述

在船舶平面纵向、横向构件相交的立角焊缝，水密、非水密堵板，插板的角焊缝焊接时，经常会出现角焊缝的焊脚过大、尺寸大小不均匀的现象，那么焊接角焊缝时焊脚越大越好吗?

2. 问题分析

下面来看一下美国钢结构焊接规范 AWS D1. 1《钢结构焊接规范》中角焊缝的外观成形标准，要求如图 2-12 和图 2-13 及表 2-3所示，请注意图中的 w 不得超出表 2-3 中给出的规定值。

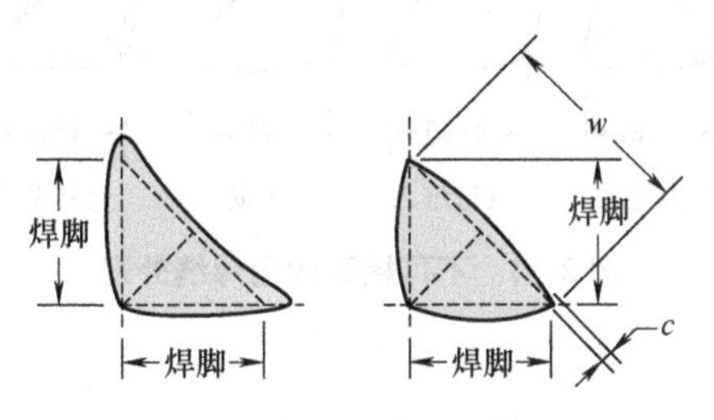

图 2-12　较好的填角焊缝外形

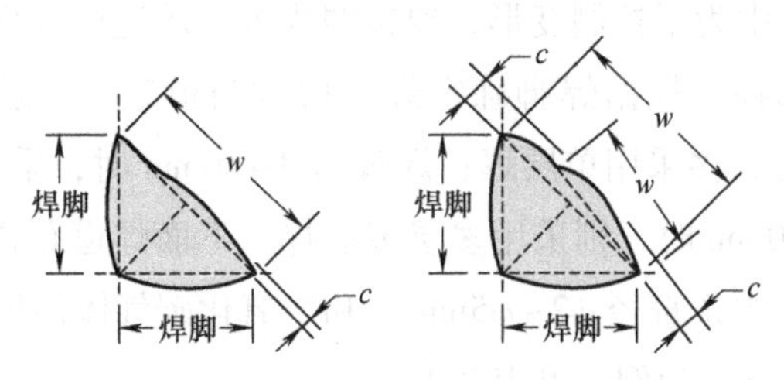

图 2-13　可以接受的填角焊缝外形

表 2-3　规范中要求的最大凸度的角焊缝

单道/多道焊缝表面宽度值 w	最大凸度
$w \leqslant 5/16$in（8mm）	1/16in（1.6mm）
5/16in（8mm）$<w<$1in（25mm）	1/8in（3mm）
$w \geqslant 1$in（25mm）	3/16in（5mm）

注：1in≈25.4mm。

焊接后需要通过目视检验对外观成形好坏进行判定，焊接的实际焊缝要与规范或者规格书中要求的角焊缝的凹凸度、坡口焊缝中的余高来进行比较。图 2-14 是不可接受的角焊缝外形。

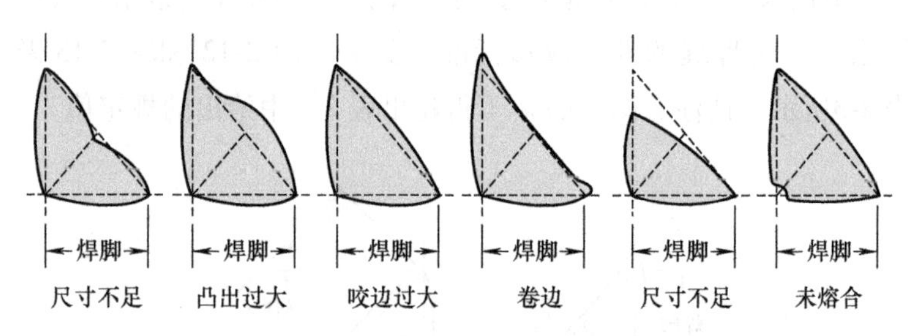

图 2-14　不可接受的角焊缝外形

3. 对策

在焊接中为了控制变形，要按照规范要求进行合理的焊道布置和参数选择，根据焊脚确定焊接层数与道数。一般当焊脚在 8mm 以下时，多采用单层焊；焊脚为 8～10mm 时，采用多层焊；焊脚大于 10mm 时，则采用多层多道焊。下面焊道布置状况以焊条电弧焊（焊条直径 $\phi 2 \sim \phi 5$mm）和二氧化碳气体保护焊（焊丝直径 $\phi 1.2$mm）为例，见表 2-4。

表 2-4　焊脚与焊接位置的焊道布置状况　　（单位：mm）

焊接位置	焊脚 3	4	5	6	7	8	9	10	11	12	13
平焊	$\phi2\sim\phi2.5$	$\phi3.2\sim\phi4$	$\phi3.2\sim\phi5$		$\phi5$		1、2；$\phi4\sim\phi5$，$\phi4\sim\phi5$	1、2、3；$\phi4\sim\phi5$，$\phi4\sim\phi5$，$\phi4\sim\phi5$		1、2、3、4；$\phi4$，$\phi4\sim\phi5$，$\phi4\sim\phi5$	
向上立焊	—	—	$\phi4$			$\phi4\sim\phi5$		1、2；$\phi4\sim\phi5$		1、2、3；$\phi4\sim\phi5$	
仰焊	—	—	1、2；$\phi4\sim\phi5$					1、2、3；$\phi4\sim\phi5$		1、2、3、4；$\phi4\sim\phi5$	

注：表中 ϕ 为焊条直径。

角焊缝的强度与焊脚、焊缝长度成正比。但是在满足工艺、结构及承载要求的条件下，应尽量减小焊脚。增大焊脚将会增加热影响区宽度，造成更大的应力集中，从而降低在动载条件下和低温条件下服役的结构的承载能力。例如，应该是10mm的焊脚焊成15mm，这不仅增加了热影响区尺寸，还增加了焊接应力和变形，浪费了材料和工时，并且对强度没有任何贡献。

所以，在焊接操作时要正确掌握焊条角度，控制好焊层间的排列顺序。焊接T形焊缝时，要求焊脚大小一致，上下焊脚平齐，表面成形平直，层次清晰，接头平整、头尾饱满，无超标咬边、下塌、夹渣和变形等焊接工艺缺陷。

问题12　打底焊为什么要用小的热输入？

1. 问题描述

对于管系焊接和厚度比较大的非铁金属、碳钢板材的对接，通常要用到打底焊，打底焊的焊接工艺为氩弧焊和CO_2气体保护焊。在焊接施工时，有的焊工为了赶进度，采用超大电流进行打底焊。不论是用氩弧焊、焊条电弧焊，还是用CO_2气体保护焊打底时，施工过程中经常会发现在打底焊的焊缝中心部位出现沿焊缝方向的裂纹，这种裂纹的实质是热裂纹。

2. 问题分析

与氩弧焊相比，焊条电弧焊和CO_2气体保护焊打底时的焊接热输入大，焊缝冷却速度慢。一方面，焊接过程中的热输入大了，焊缝周围的母材对焊缝的拘束应力很大，容易产生过烧、咬边等缺陷，也易使热影响区晶粒粗大，产生淬硬组织，韧性降低；焊接热输入过小容易出现未焊透等缺陷。另一方面，由于是第一道焊缝，母材的温度很低，打底焊的加热和冷却速度快，由此形成的热胀冷缩的热应力相当大，如果打底焊的焊接熔池凝固的速度慢，就会被母材的拘束应力和热应力拉开，由于此时焊缝中心还没有完全凝固，所以就形成了凝固裂纹，也就是热裂纹。这种裂纹在船舶和管线建设的环焊缝焊接时均可能出现，如果直接用纤维素焊条进行打底，在应力较大的地方焊缝凝固后会马上开裂。

3. 对策

打底焊时（有时候还需用专门的打底焊焊材）应选择小规范、合适的焊接热输入。大家都知道打底焊很重要，是能否保证后续顺利焊接的第一步。打底焊时，首先要求保证打底焊层的厚度应在 3mm 左右，这样就可保证在应力状况下不会产生裂纹；其次，不能存在焊接缺陷，这些缺陷主要包括：气孔、夹渣、裂纹和未熔合等；再次，打底焊是第一层焊缝，焊接坡口周围如果清理不干净，容易污染焊缝，比如水分、铁锈和油污等很容易给焊缝增氢，甚至会给诱发氢致裂纹留下隐患。

通常情况下，用氩弧焊打底比用焊条电弧焊、CO_2 气体保护焊打底的焊缝洁净度高，相同条件下后两者的焊缝金属抗氢致裂纹敏感性好。由于氩弧焊热输入小，冷却速度快，才不致在母材拘束应力和热应力作用下被拉裂。当然，如果氩弧焊的电流比较大，焊接速度也慢，焊缝同样会出现开裂的现象。

如果采用较大的热输入，不论采用何种焊接方法，对焊后的冷却速度都会产生影响，从而对焊缝热影响区的组织和性能产生影响。当其他参数相同时，焊接热输入较大，焊后的冷却速率会较慢，影响的是焊缝的强度、抗裂性能、韧性和塑性等指标。因此，打底焊时应采用小的热输入，保证焊接质量。

某厂的焊接施工现场，打底焊焊缝出现类似裂纹，改用氩弧焊打底或采用小热输入的焊接方法之后，就再也没有出现过类似裂纹。

问题 13　焊接预热的要求及对策

1. 问题描述

在船舶及海洋工程建造中，标准规定了环境温度在-15～0℃范围内以及大拘束度条件下，船用碳素钢、高强度钢和船用铸钢件的焊前预热等技术要求。

2. 问题分析

预热措施的采取主要是为了在碳素钢、高强度钢和铸钢件焊接过程中降低焊接热影响区最高硬度，延缓 $t_{8/5}$，防止在焊接接头的热影响区中形成淬硬组织，预热措施对于大厚度、大拘束条件下的焊接构件尤为重要。厚度越大，焊缝附近的自身拘束应力就越大，焊接加热和冷却引起的热应力就越大，焊接接头的抗冷裂性就越差。所以，在焊接生产施工现场，焊接预热的管控要求及采取措施很重要，直接关系到焊接结构的可靠性和安全服役性能。

3. 对策

（1）焊前预热管控

1）应根据母材的碳当量（CE）、接头组合厚度 t_{COMB}、环境温度 T 以及船级社的相关要求，决定预热应达到的最低温度，具体规定见表 2-5，组合厚度 t_{COMB} 的计算方法如图 2-15 所示。

表 2-5　最低预热温度

<table>
<tr><th rowspan="2">钢种或碳当量</th><th colspan="5">最低预热温度/℃</th></tr>
<tr><th colspan="2">t_{COMB}②≤50mm</th><th colspan="2">50mm<t_{COMB}≤70mm</th><th>t_{COMB}>70mm</th></tr>
<tr><td rowspan="2">A、B、D、E TMCP 或 CE①≤0.39</td><td>T③>0℃</td><td>T≤0℃</td><td>T>0℃</td><td>T≤0℃</td><td rowspan="2">50</td></tr>
<tr><td>—</td><td>50</td><td>—</td><td>50</td></tr>
<tr><td rowspan="2">0.39<CE≤0.41</td><td>T>0℃</td><td>T≤0℃</td><td>T>0℃</td><td>T≤0℃</td><td rowspan="2">75</td></tr>
<tr><td>—</td><td>50</td><td>—</td><td>50</td></tr>
<tr><td rowspan="2">A32、D32、E32、F32、A36、D36、E36、F36 或 0.41<CE≤0.43</td><td>T>0℃</td><td>T≤0℃</td><td colspan="2" rowspan="2">50</td><td rowspan="2">100</td></tr>
<tr><td>—</td><td>50</td></tr>
<tr><td>0.43<CE≤0.45</td><td colspan="2">50</td><td colspan="2">100</td><td>125</td></tr>
<tr><td>船用铸钢或 0.45<CE≤0.47</td><td colspan="2">100</td><td colspan="2">125</td><td>150</td></tr>
<tr><td>0.47<CE≤0.50</td><td colspan="2">125</td><td colspan="2">150</td><td>175</td></tr>
</table>

① $CE(\%)=C+\frac{Mn}{6}+\frac{Cr+Mo+V}{5}+\frac{Ni+Cu}{15}(\%)$。

② 组合厚度 $t_{COMB}=t_1+t_2$、$t_{COMB}=2t_1+t_2$ 或 $t_{COMB}=2t_1+t_2+t_3$，如图 2-15 所示。

③ T—环境温度。

2）当环境温度低于 0℃ 时，预热温度至少为 50℃，所有状况下焊接区应保持干燥。

3）当返修或焊缝修补时，焊缝的预热温度应增加 25℃。

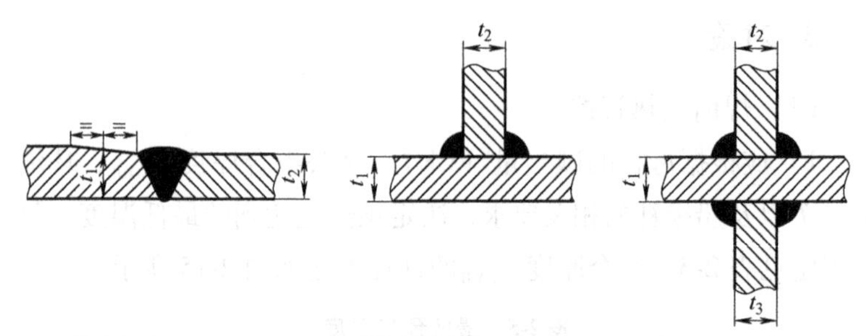

a) 组合厚度$t_{COMB}=t_1+t_2$　b) 组合厚度$t_{COMB}=2t_1+t_2$　c) 组合厚度$t_{COMB}=2t_1+t_2+t_3$

图 2-15　组合厚度 t_{COMB} 计算方法

4）采用埋弧焊时，按表 2-5 应预热 100℃以上（含 100℃）的焊缝预热温度可降低 50℃。

5）预热范围为焊缝坡口中心线两侧各 50mm，使温度保持一个基本均匀带。测温点应选在边缘 75mm 处。

6）可采用氧乙炔火焰或远红外线电加热器进行预热。当采用氧乙炔火焰加热时，应不断移动火焰，均匀加热，火焰在工件上任何一点停留时间不得超过 2s。

7）为保证达到良好的预热效果，对于预热温度要求较高，板厚较大的接头，宜采用远红外线电加热器进行加热。

8）预热温度达到要求后应立即施焊；当预热温度降低，达不到要求时，应重新预热。

9）定位焊预热温度应与正常施焊预热温度一致，预热温度的检测可采用热电偶、测温仪、红外线测温枪或其他等效仪器进行检测。

10）焊接不同强度级别或不同厚度钢材时，其预热温度可按照强度等级较高或厚度较大的钢材的预热要求来确定。强度级别较高的钢种且拘束度过大的重要焊接结构，可根据具体情况由焊接工程师确定预热温度。层间预热温度的要求按照相关的焊接工艺执行，应不高于 250℃（特殊材料除外），且不低于最低预热温度。当低于最低预热温度时，应重新加热至最低预热温度以上。

（2）焊接过程管控

1）定位焊时，应加大焊接电流（约比正常焊接电流高 20%~30%）、减慢焊速，适当增加定位焊的长度（宜为常温焊接时的 1.5~2.0 倍，不宜小于 50mm）、熔深及截面积，且应保证熔合良好，不应有裂纹。

2）焊接时电流应比常温下略高（约高 10%），严禁在坡口以外的母材上随意打弧和引弧，焊接应连续进行，弧坑应填满。

3）焊接过程中因受外界因素的干扰而中断焊接时，对重要接头应采取保温或缓冷措施，继续焊接时应按规定的预热温度重新预热后方可进行焊接操作。

4）打底焊道应减慢焊速、增加焊道厚度，防止产生裂纹。

5）调质钢焊接时，须采用回火焊道逐层进行焊接。焊接完成后，应立即用保温材料覆盖焊缝，保温缓冷。如有焊后热处理要求，应按相关规定进行焊后热处理。

6）如果在大风及大雪天进行焊接，必须有防风、防雪装置，如篷、挡板等；当环境温度低于-15℃时，所有焊接作业应停止。

问题 14　焊接工艺评定和焊工操作技能

1. 焊接工艺评定

焊接工艺评定试验（welding procedure qualification test,

WPQT）是根据产品结构特点、技术条件、设计要求和施工条件进行的焊接工艺试验，其主要目的是考察焊接材料能否满足生产需要，并通过试验来确定最佳焊接参数，以保证焊缝的力学性能和焊缝的内在质量。

以船舶建造为例，焊接工艺评定试验是根据船级社规范和业主说明书中的要求，在船级社的监督下完成的，通常把它简称为“焊评”，即：对确定的母材及焊接材料，在采用一定的焊接工艺后，通过检验焊缝及热影响区的性能，来评定该工艺的适用性。由于焊接工艺评定对保证后续焊接生产质量有着重要意义，各船级社均要求对拟采用的焊接工艺进行评定，要求制造厂在船舶建造前，应对采用的新材料、新工艺进行焊接工艺评定试验，以证实该焊接工艺的适用性。通常在一条船舶开工建造前，工厂应结合自身的技术条件和生产经验，制定出船舶建造焊接工艺计划表交验船师认可。计划表中应针对建造中焊缝出现于重要结构与重要结点的位置、形式和尺寸，列出拟使用的焊接工艺名称和编号。对照以前进行焊接工艺评定的情况，对于未曾批准的工艺或超出已评定焊接工艺适用范围的工艺，进行焊接工艺评定试验，作为整个生产、技术、质量控制链中的一环。由此可知，焊接工艺评定试验非常重要。

焊评试验板制备好之后进行无损检测，检查是否符合标准要求，同时还要进行理化分析，依据船级社规范或业主说明书的要求确认力学性能试验结果达标后，编制试验报告。试验报告由焊接工程师或验船师进行编制，报告包括：船级社的报告、试验记录、无损检测报告、力学性能试验报告、焊接材料的认可证书和工厂材质证书、试板的材质证书等，试验报告只有经验船师或业主认可，焊接工艺评定试验才算最终完成。

同时为保证良好的焊接质量，工厂与船级社还要在以下几方面做好施工管控：

1）工厂焊接工程师根据生产需要，开展焊接工艺评定试验，申请船级社对焊接工艺进行评定，如果试验合格，根据船级社颁发的焊接工艺评定证书及签发的焊接工艺评定试验报告，编制相应的岗位焊接作业指导书或操作规程。

2）工厂管理人员对焊接工程师编制的岗位焊接作业指导书或操作规程，按照质量体系规定进行相应的审批，使之成为工厂生产的受控文件。

3）工厂的焊工应严格执行岗位焊接作业指导书或操作规程。管理人员通过定期/不定期的检查，了解焊接生产中对焊接作业指导书或操作规程的执行情况。同时，焊接工程师针对出现的问题进行相应的指导和制定整改措施。

4）船级社验船师在船舶建造过程中，应检查焊接人员的工作情况，确认是否按照船级社签发的焊接工艺评定证书执行。

5）在船舶一些重要构件的建造过程中，必要情况下还需进行焊缝的产品性能试验，以验证焊接工人的操作技能。

2. 焊工操作技能

焊工操作技能分为基本知识和操作技能两种。焊工应先进行基本知识考试，基本知识考试合格后，才能参加操作技能考试。

1）基本知识考试的内容应与焊工实际工作相适应，可包括常用母材、焊接材料、焊接设备和工艺及焊接安全等基础知识，考试范围应报船级社认可。

2）焊工应按规范规定参加操作技能考试，考试应在验船师监督下完成。主考人员应填写焊工考试现场记录并由验船师确认，考试委员会应填写考试评定汇总表报船级社。

3）考试所用的板材、管材、焊接材料应符合船级社的有关规定，考试试件材料应选取具有代表性的材料。

4）焊工考试合格后，由船级社颁发《焊工资格证书》，焊工应严格按照证书所规定的工作范围进行焊接操作，进行焊接操作时，验船师可随时检查其《焊工资格证书》。

5）《焊工资格证书》的有效期为发证之日起 3 年。定位焊科目的《焊工资格证书》为长期有效；焊工在证书有效期内，焊接质量一贯良好，无损检测合格率保持在 90%以上，且具有产品质量记录，经验船师审查，由焊工考试委员会提名并报船级社认可后，可予免试延长有效期 1 年。

综上可知，焊接工艺评定，除了对新材料、新工艺进行焊接工艺评定试验外，同时还要评定焊工操作技能，当焊工没有资格证书的时候可以二合一来进行。

第3章 工艺改进和焊接修复问题

现场焊接问题中有一大类是焊接修复问题。针对焊接裂纹、焊接气孔以及其他影响整个焊接接头承载截面积，降低接头性能的问题，不管是服役前存在的缺陷，还是服役后产生的缺陷，都需要对其修复难点进行分析和评估，从而制定合理的焊接修复工艺。

问题15 超高强度钢焊接时磁化诱发根部缺陷的改进工艺

1. 问题描述

超高强度钢（美国船级社认证的海洋工程用钢板A519-4130、EQ70、EQ63和挪威船级社认证的海洋工程用钢板NVE690等）磁化现象严重，在采用手工熔化极气体保护焊时容易产生磁偏吹，将直接影响焊接过程中的熔滴过渡和焊接熔池保护。超高强度钢采用熔化极气体保护焊时的磁偏吹高达电弧挺度的2/3，严重影响焊接质量，尤其是接头的根部缺陷发生率高达24%（按实际返修长度比例计算），这些缺陷主要有气孔、夹渣、未焊透以及未熔合等。由于超高强度钢焊接过程中对预热、层间温度控制的要求非常严格（不得高于200℃），因此不能用高温消磁法对接头或母材进行消磁。另外，超高强度钢焊接结构通常尺寸巨大，也不宜采取整体消磁处理。

超高强度钢磁化的主要原因是材料内部磁平衡在机加工、打磨和热切割等加工条件下被破坏，并在坡口边缘处形成强磁化区（可以直接吸附焊条）。焊接时容易产生磁偏吹主要是坡口间隙的漏磁所致。由磁偏吹引起的打底焊缺陷率达到90%以上，当打底焊结束后磁偏吹现象明显减弱。

2. 工艺措施

焊接时采取的工艺或注意事项：

1）焊接电缆和工件连接点尽可能接近电弧，电缆尽可能远离焊缝，切忌使电缆靠近和平行于焊缝。

2）接缝两端安置引弧板和引出板，如图3-1a所示。将钢板强磁区转移到引弧板和引出板上，接缝两端的磁场将大为减弱，磁偏吹显著减小。

3）焊接电缆不要缠绕在工件（管子）上，缠绕的电缆通电后会产生一个轴向磁场，将使电弧磁偏吹更为严重。

4）对于细长工件，最好将焊接电缆分别接在工件的两端，如图3-1b所示。这样电弧两侧都有电流流过，可使磁场分布均匀，有利于减小磁偏吹。

5）合理安放工件位置。如果小工件安放在工作台上进行焊接，工件宜放在工作台的中央区域，不宜放在工作台的边缘位置或延伸部位，因为这些部位的磁性强，工件容易带磁性；如果磁偏吹仍旧存在，可将小工件适当转移位置，使磁偏吹减小。对于长工件，宜将焊缝长度方向安排在东西方向，因为地球磁场是南北方向的，如果焊缝长度也是南北方向，则地球磁场会使长工件磁性增强，容易产生磁偏吹。

6）焊接电缆接线点固定后，正确的焊接方向是逐渐远离焊接电缆接线点的方向，如图 3-1c 所示，而不是反向。

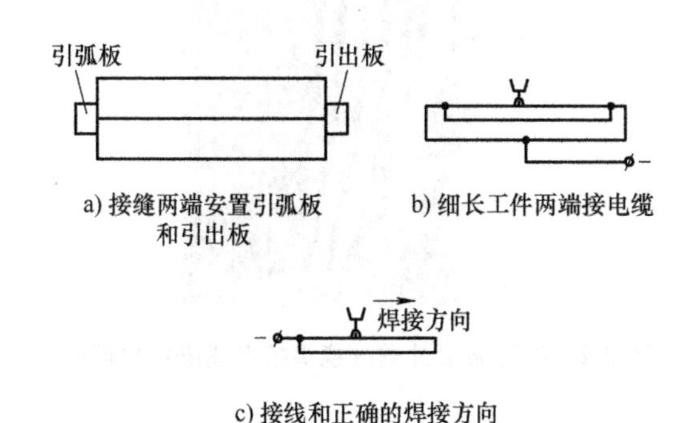

图 3-1　几种减小磁偏吹的方法

7）对带有强磁性的工件，焊前设法进行消磁处理。

8）适当减小焊接电流。引起磁偏吹的电磁力正比于焊接电流，减小焊接电流，就减小了电磁力，达到减小电弧磁偏吹的目的。

9）调整焊丝倾角，使电弧磁偏吹的方向吹向熔池。

10）条件允许的话，对带有强磁性的工件可以先放置一段时间，工件上的磁性会不断减弱。

3. 工艺方法举例

（1）高压泥浆管消磁　此类型管子消磁比较简单方便，最常见的方法就是缠绕电缆线实现自消磁，焊接电缆的缠绕遵循左手定则，即可起到消磁的作用。在泥浆管外壁缠绕焊接电缆进行自消磁如图 3-2 所示。

图 3-2　在泥浆管外壁缠绕焊接电缆进行自消磁

（2）齿条板对接消磁　因齿条板的厚宽比很大，缠绕焊接电缆达不到消磁作用。此时可在后焊坡口面均匀布置铷铁硼强磁条来进行消磁（图 3-3），同时调整焊接顺序逆磁焊接。因铷铁硼强磁条在 80℃ 时磁性消失，故布置磁条时要待齿条板预热温度达到后，并在磁条与齿条板间增加厚度为 15～20mm 的铁块过渡，同时两名焊工要连续、稳定、快速地从两边向中间完成焊缝的打底焊。

（3）窗户板的消磁　窗户板为半圆管并扣在齿条板上焊接。同时窗户板与原齿条板的半圆管还存在两条对接焊缝，因此窗户板的磁场交互作用更加复杂。尤其是在原有齿条板的半圆管的缓焊区，其磁性最为强烈，在此位置焊接时液态金属呈向外喷射状飞溅，从而导致焊接过程无法持续。所以窗户板的消磁要从物理消磁及合理布置焊接顺序两方面着手解决，即：两名焊工同时先焊接窗户板的两条对接焊缝；在焊接该焊缝的同时采用另外一台焊机直流正接（因窗户板正常焊接时采用直流反接，所以消磁焊

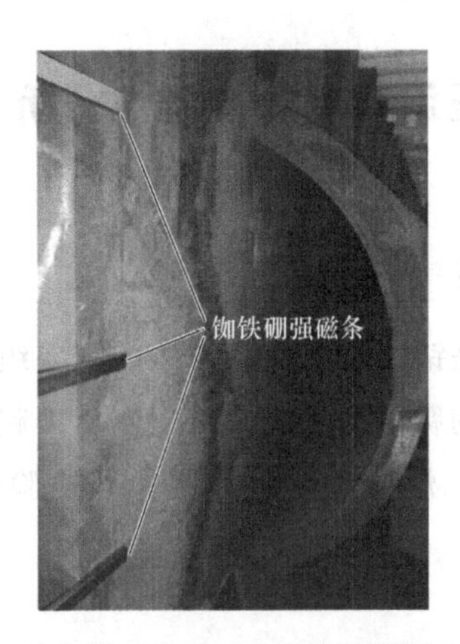

图 3-3　齿条板对接焊时布置铷铁硼强磁条消磁

机采用与之相反的极性），使用比正常焊接电流大 20% ~ 30% 的电流在废钢上施焊，此时消磁焊机的焊接电缆按照左手定则原理缠绕在窗户板及齿条板上，如图 3-4 所示。

图 3-4　消磁焊机的焊接电缆缠绕在窗户板及齿条板上

问题 16　高压泥浆管焊接难点分析及对策

1. 问题描述

高压泥浆管是钻井液循环系统中的重要组成部分。由于高压泥浆具有很强的腐蚀性，输送时工作压力超高，所以对于高压泥浆管的材质、焊接质量及其制作和检验都提出了很高的要求。

2. 问题分析

（1）美国防腐工程师协会标准 NACE MR 0175 对高压泥浆管的技术要求　高压泥浆管材料牌号：A519 GR 4130（铬、钼系列低合金钢），技术协议来源于 NACE MR 0175 标准中“在含有 H_2S 的作业中的管道和设备及处理设备的抗硫化物应力腐蚀裂纹（SCC）的金属材料要求”。SCC 引起的损坏会导致设备在继续承压时不能恢复到工作状态，危害承压设备的完整性或使设备不能发挥其基本功能。

采用铬、钼系列低合金钢制造管子及管子零部件，在温度低于 510℃时进行冷矫直，那么必须进行不低于 480℃的消除应力热处理；如果是冷成形则必须对冷加工区域实施不低于 595℃消除应力热处理。冷加工后硬度大于 22HRC 的高强度管的连接处必须实施不低于 595℃的消除应力热处理。同时，使用这些合金钢在管子冷加工后硬度大于 22HRC 时，惯例是需要做硫化氢致脆裂纹测试，以确定材料的抗 SCC 性能。

（2）高压泥浆管制作工艺难点　从技术要求可以看出，高压泥浆管的施工难点是控制热处理工艺，保证焊缝、热影响区及焊缝端面的硬度不大于22HRC。

3. 对策

（1）高压泥浆管焊接工艺　基于GR 4130材料在ASME中没有详细材料分组的情况，焊接工艺评定采用ASME IX规范，同时也要满足NACE MR 0175标准及高压泥浆管的技术协议要求。高压泥浆管工作压力大，对焊接接头质量要求高，因此选用管子规格为ϕ141.3mm×19.5mm，主要覆盖范围满足本焊接工艺。

（2）焊接位置及坡口形式　高压泥浆管规格、焊接位置以及坡口形式见表3-1。

表3-1　高压泥浆管规格、焊接位置以及坡口形式

试验管规格	焊接位置	坡口概况
ϕ141.3mm×19.5mm	6G	60°坡口，根部间隙1.6~3mm，钝边厚度为0~1mm

注：6G—管子倾斜45°的焊接。

（3）焊接材料的选择　焊接材料的选择在满足母材力学性能要求的同时，也要满足NACE MR 0175标准中焊接材料的Ni含量不大于1%（质量分数）的规定。同时焊接材料强度越高，焊缝硬度也会增加。因此焊接材料选择ER100S-G和E10018-D2等级（美标）。

（4）预热和层间温度的确定　按国际焊接协会（IIW）推荐碳当量和AWS推荐的碳当量计算公式，计算碳当量为0.52%~0.77%。由此可见，GR 4130焊接性较差，按ASME

建议的预热温度为130℃，考虑到预热的目的是为了降低焊缝金属的冷却速度，避免冷裂纹的产生，根据实际情况将预热温度定为150～160℃，从而确保合适的冷却速度，保证焊缝金属及热影响区不出现冷裂纹。温度测量点为坡口两侧50～75mm范围内。

（5）焊后热处理方案　焊后热处理的主要作用在于消除应力，但需要注意的是，热处理温度过高会降低焊缝的韧性和强度。按NACE MR 0175标准要求，为达到硬度不大于22HRC，需要做不低于595℃的热处理，结合ASME和AWS对不同强度低合金钢热处理温度和保温时间（1h/25mm）的要求，综合以上三个标准推荐的热处理工艺规范参数，最终的焊后热处理工艺参数定为：热处理温度650℃，保温时间为2h。热处理温度曲线如图3-5所示。

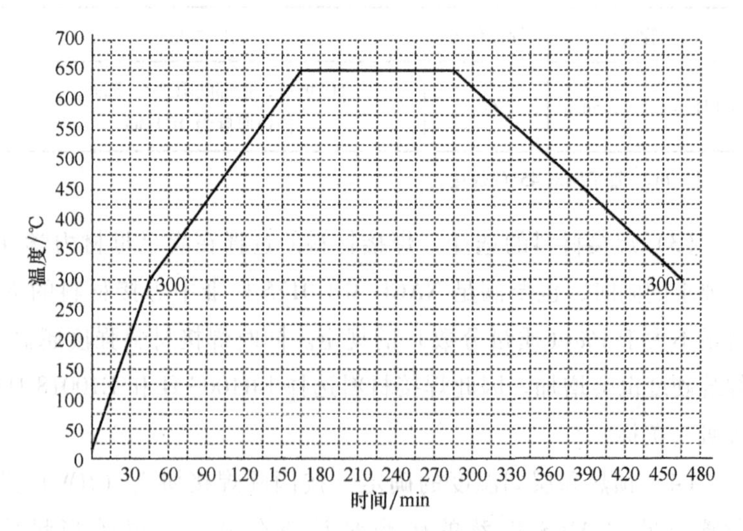

图3-5　热处理温度曲线

热处理的临界温度定为300℃，从300℃加热到650℃的升温速率定为180℃/h，从650℃冷却到300℃的降温速率为150℃/h。焊接热影响区（HAZ）的硬度是硬度控制的重点，在硬度测试中要注意利用NACE标准，相邻3个点的平均值为22HRC，其中1个点超出，但超出不大于2HRC是满足要求的。

4. 焊缝V形缺口冲击韧性分析

焊接材料的选择要满足-40℃冲击韧性要求。将高压泥浆管焊缝冲击韧性试验温度定为-40℃和0℃，两个方案同时进行，既能满足技术要求，也能为后续产品生产做好技术准备。-40℃低温冲击试验对焊接工艺要求较高，要从焊材的选择和焊接工艺上入手，主要是控制焊接热输入和层间温度，采用多层多道焊。严格控制每道焊缝的成形系数，记录焊接层数和每一层的道数，在焊接过程及焊后的全过程中对焊缝采取缓冷工艺措施，确保焊缝低温冲击韧性数据满足标准和技术要求，特别是焊缝中心的冲击韧性值。

5. 进一步分析

通过对钻井驳高压泥浆管的工艺、制造和安装过程的研究，从工艺的角度讲，工艺试验主要是为了研究焊接接头的力学性能及宏观性能。本焊接工艺示例更有利于焊缝质量的控制：采用多层多道焊，控制焊缝层厚，后一道焊道对前一道焊道具有回火的作用；使用超低氢焊条，不横向摆动，控制好弧长，这样空气不容易进入熔池，焊缝的气孔敏感性降低；每一道焊道都使用打磨的方式清渣并处理焊缝表面，焊缝的夹渣概率会很小。高压泥浆管焊缝的内部质量控制是通过无损检测来控制和验证的。大量的焊接现场实际工作表明，管子母材外表面可能存在硬度超标，需要在试验时对母材的硬度进行测试。因此需规范矫管、焊接、热处理和搬运施工等工序，防止热处理后硬度升高。

问题 17　挂舵臂超厚铸钢件裂纹修复问题及对策

1. 问题描述

某集装箱船进行修理时，在坞内检查过程中发现挂舵臂铸钢件与船外板焊接接头处出现裂纹。焊工对该裂纹按照常规方法进行碳刨，碳刨深度达到 50mm 处时该裂纹还存在，想临时性进行焊接覆盖处理，但是在焊接过程中发现边焊接边开裂，火焰预热根本起不到任何作用，致使焊接修复作业无法进行。

2. 问题分析

（1）裂纹存在部位及裂纹走向　两处裂纹均存在于艉船壳板与挂舵臂相连的焊缝处，左右对称。裂纹沿着焊缝向铸钢件本体的斜上方延伸。裂纹存在部位及裂纹走向如图 3-6 所示。该处铸钢件本体厚度为 380mm，船外板为 45mm 厚的 E 级钢板。其中裂纹 1 的长度为 950mm，裂纹最深达 120mm；裂纹 2 的长度为 850mm，裂纹最深达 180mm。

（2）裂纹修复难点　两处裂纹部位的铸钢件本体厚度为

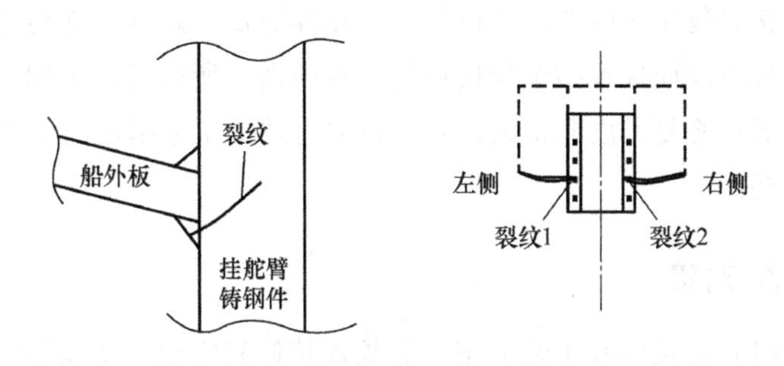

图 3-6　裂纹存在部位及裂纹走向

380mm，在船体铸钢件中属于超厚铸钢件，对于该处的焊接修复存在着如下的困难：

1）铸钢件碳当量高，淬硬倾向大，冷裂纹敏感性大。

2）铸钢件晶粒粗大，存在残余应力，焊接修复时如果焊接材料和焊接工艺选择不当，容易产生冷裂纹。

3）铸钢件本身存在缩松和气孔，在焊接加热过程中内部有气体析出，进入熔池后增加了焊缝的气孔敏感性。

4）铸钢件厚度大，焊接修复时拘束度大，冷裂敏感性大，焊接修复时的局部加热和随后的冷却容易产生焊接残余应力。

5）由于铸钢件厚度大，裂纹最深达到了 180mm，尽管其他企业有铸钢件裂纹焊接修复的成功经验，但如此大厚度的铸钢件、如此大深度的裂纹的焊接修复极少遇到。

6）为了不影响坞期，后期焊接修复作业安排在水上进行。由于风大，且正值 4 月份，天气冷，散热快，层间温度不容易保证，焊接冷裂敏感性进一步加剧。

由以上分析可知，若焊接修复工艺选择不当或焊工没有按照焊接修复工艺的要求进行焊接，在焊缝及热影响区就会很容易出现裂纹而导致整个焊接修复过程失败。所以说，本例中裂纹的焊接修复难度非常大，采取行之有效的工艺措施就显得尤为重要。

3. 对策

（1）焊接修复工艺方案　裂纹焊接修复之前，现场验船师提出必须提供焊接工艺方案，经过和现场验船师协商后，向 BV 船级社申请了焊接工艺评定认可，严格按照焊接现场施工工艺要求进行试验，试验结果完全符合试验要求，并制定了铸钢件裂纹焊接修复细则，见表 3-2。

（2）裂纹焊接修复过程　在焊接修复过程中，为不影响坞期，经讨论后决定整个修复过程分两大步进行：①在坞内采用碳刨去除裂纹，搭好外挂脚手架和做好防风防雨措施；②水上焊接作业。修复过程细分为：预热—碳刨（去除裂纹）—缓冷到 50℃以下—打磨—无损检测［渗透检测（PT）或磁粉检测（MT）］—预热—焊接—焊后热处理—无损检测（MT 及 UT）。

1）预热：由于挂舵臂铸钢件碳当量高、厚度大、拘束度大，所以必须在碳刨和焊前进行预热，防止碳刨及焊接修复时产生裂纹。采用履带式陶瓷电加热器进行加热，并用保温棉进行保温，防止与外界空气接触而造成温差过大。碳刨前，先在两边裂纹周边区域各覆盖 3~4 片陶瓷加热片（图 3-7），预热温度为 300℃，升温时间为 0.5~1h，在此温度进行 1~2h 保温，以便热量向铸钢件本体渗透，最终使铸钢件温度内外均匀。

表 3-2　铸钢件裂纹焊接修复细则

步骤	裂纹 1	裂纹 2	焊接修复细则
1. 去除裂纹			1. 预热到 300℃ 2. 碳刨 3. 缓冷后打磨 4. 着色或磁粉检测以确保裂纹消除
2. 坡口凹坑修复			焊接方法：焊条电弧焊 焊条：CHE50（GB：E5015） 焊条直径：ϕ3. 2mm 电流：100~130A
3. 焊接修复			焊接方法：焊条电弧焊 焊条：CHE50（GB：E5015） 焊条直径：ϕ5. 0mm 电流：140~160A（ϕ4. 0mm） 180~220A（ϕ5. 0mm） 操作要点： 1. 每道焊缝之间用风铲振动清渣，消除部分焊接应力 2. 控制层间温度不低于 150℃ 3. 焊接完毕后立即进行焊后热处理 4. 热处理完毕后打磨焊缝及两侧 5. 打磨后进行磁粉检测和超声检测

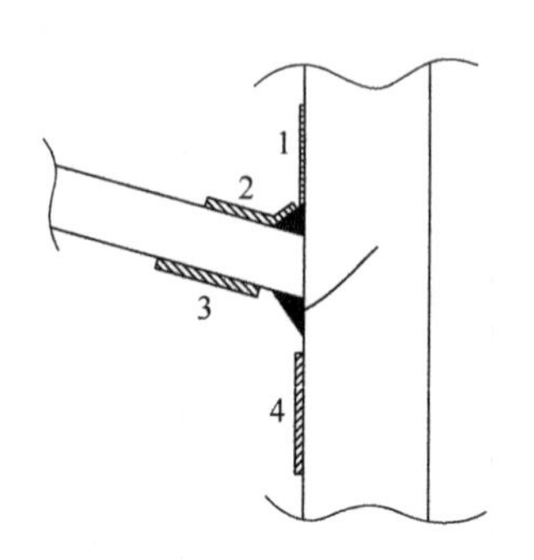

图 3-7　陶瓷加热器覆盖位置

2）碳刨消除裂纹：由于裂纹深度非常大，靠打磨去除裂纹完全不可能，只能用碳刨来刨掉裂纹。碳刨过程中应尽量形成 U 形坡口，以减少焊缝金属的熔入量，对坡口的上下表面应尽量采用扁碳棒，以避免坡口内部形成凹凸或尖角，坡口两端按 $4t$（t 为壁厚）向外过渡。在碳刨过程中由于右侧裂纹非常深，影响到后期的焊接操作，因此，去掉了周边的一块尺寸约为 400mm×600mm 的船外板，具体船外板更换部位及焊接坡口形式如图 3-8 和图 3-9 所示。

3）碳刨后打磨及无损检测：碳刨后坡口表面附着的一层高碳晶粒（渗碳层）是能够产生裂纹的因素，采用角向砂轮打磨清除掉熔渣与渗碳层。需要注意，如果采用风动砂轮打磨，产生的冷风会造成坡口表面温度急剧降低，极有可能在坡口内部出现新的裂纹。常规的渗透检测（PT）和磁粉检测（MT）都必须在常温下才能进行，所以必须先以 50℃/h 的速度缓冷到 50℃以下，坡口打磨光顺后，做 PT 或 MT 以确保裂纹彻底去除。

4）铸钢件裂纹的焊接修复过程：由于整个焊接过程在水面上进行，为保证铸钢件的焊接修复质量，确保作业区域免受外界

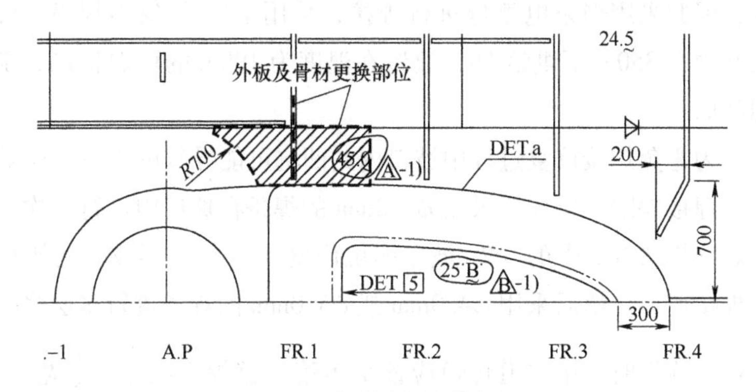

图 3-8　右侧外板更换部位

DET—节点　FR—船体肋位　A. P—尾垂线

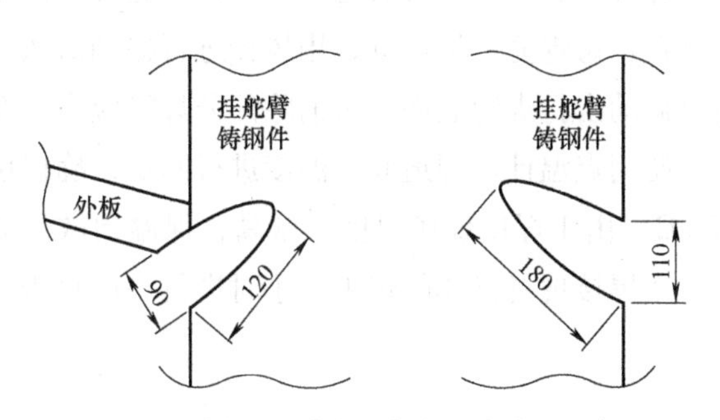

图 3-9　裂纹 1、裂纹 2 去除后的坡口示意图

环境干扰，焊前采用电加热器对焊接坡口周围进行预热，两边坡口表面及上下区域各覆盖 4～5 片陶瓷加热片，预热温度为 300℃，保温 1～2h，以便热量向母材内部传递，使坡口内侧温度尽量与表面温度接近。预热温度达到预定值后，去掉坡口表面的加热陶瓷片，立即对两处裂纹区域同时进行焊接。为防止热量散发，在整个焊接过程中，坡口附近的陶瓷加热片一直处于 300℃ 保温状态。由于坡口非常深，CO_2 气体保护焊的焊枪无法伸入操

作，因此采用焊条电弧焊进行焊接，采用 J507 低氢型焊条。焊条必须在 350℃下烘焙 2h，放置在温度为 100℃的保温桶内，随用随取。

为避免焊接修复过程中坡口内的凹坑可能导致的夹渣、未熔合等焊接缺陷，首先应采用 ϕ3. 2mm 的焊条在坡口内进行一次打底焊（即表 3-2 中的“2. 坡口凹坑修复”），从而形成较为平顺的焊接坡口。然后采用 ϕ4. 0mm 或 ϕ5. 0mm 的焊条进行多层多道焊接。施焊时，第二道焊道应该覆盖第一道焊道的$\frac{1}{3}$~$\frac{1}{2}$宽度，因堆焊层多（右侧最终焊道数约为 550 道），焊缝内易产生较大的收缩应力，所以尽量使每一层的施焊顺序以及施焊方向如图 3-10 所示那样进行。每焊完一道焊缝，用风铲进行振动清渣，在清渣的同时通过振动击打焊缝表面，可消除部分焊接应力。在整个施焊过程中，使用点温计对焊道间的温度进行测量，确保层间温度不低于 150℃。由于焊接现场温度非常高，保温棉散发的气体对人体有害，在焊接现场操作的焊工每小时进行一次轮班，且戴好防毒口罩。

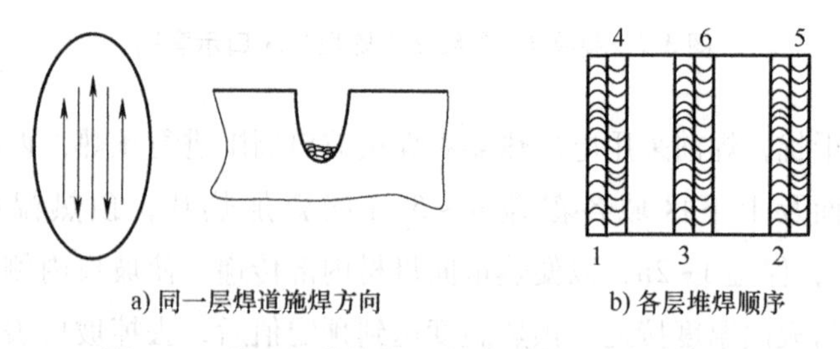

a) 同一层焊道施焊方向　　b) 各层堆焊顺序

图 3-10　每一层的施焊顺序以及施焊方向示意图

（3）焊后热处理　对焊接修复区域的焊缝进行焊后热处理可以使焊缝金属中的扩散氢充分逸出，同时也能消除焊接残余应力，降低焊缝及热影响区的淬硬性，使焊缝的塑性和韧性得到一定程度的恢复，这样做对防止产生延迟裂纹非常有效。焊接完毕后，立即用陶瓷加热器及保温棉将焊接区域包裹严实，进行焊后热处理。焊后热处理的温度参照 GL 船级社《材料与焊接规范》中的要求，采用电加热器，从焊后 300℃的温度以 50℃/h 的速度升温到 600~650℃，然后保温 4h 左右（规范仅要求 1~2h，但此厚度的铸钢件，为了使母材和焊缝温度均匀，选择保温 4h 的规范），然后再以 50℃/h 的速度降温到 300℃后断开电加热器进行缓冷，约 24h 之后，焊接区域的温度降到室温。焊后热处理工艺规范参数及工艺曲线如图 3-11 所示。

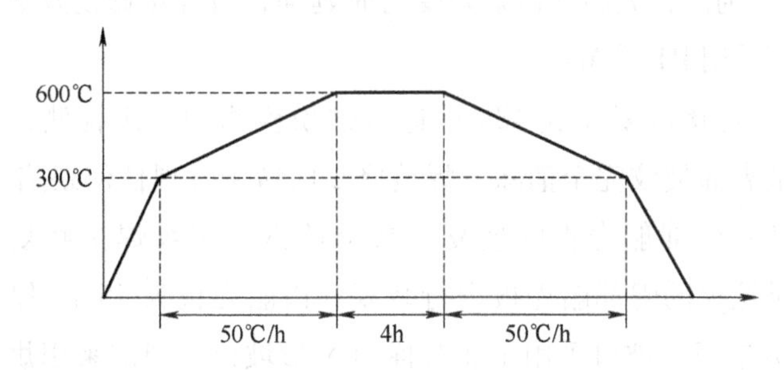

图 3-11　焊后热处理工艺规范参数及工艺曲线

（4）超声检测　根据构件的结构特点，对焊接修复后的部位进行无损检测，如图 3-12 所示为超声检测示意图。

A 区域是外板与挂舵臂焊缝区域，可以采用横波斜探头在外板上进行扫查，探头的选择、扫查方式和扫查要求根据检测角焊缝的技术要求进行。

B 区域是铸钢件裂纹焊接修复部分，超声检测要求如下：

1）对近表面区域，由于选用常规探头都存在检测盲区，难以对近场区进行检测，因此采用双晶纵波直探头扫查近场区的缺陷。

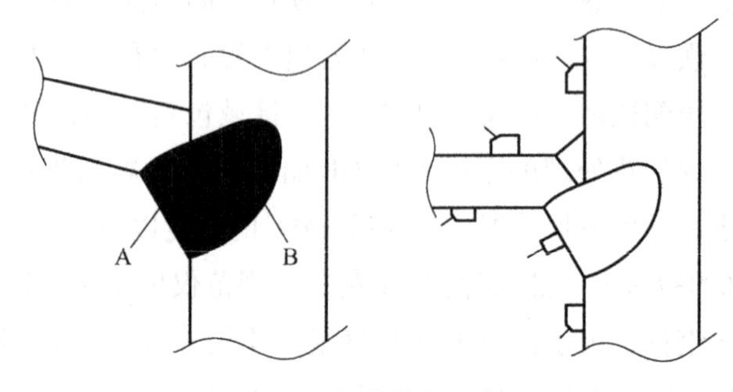

图 3-12 超声检测示意图

2）对铸钢件内部焊接修复区域，采用纵波直探头进行检测。

3）为防止表面开口缺陷受力时延伸，对焊接修复及热影响区表面采用 PT 或 MT。

4）焊接修复完成 48h 后进行磁粉检测和超声检测，检测结果是表面裂纹完全消除，焊接修复区域未发现任何缺陷。

（5）艉部船壳板的装复　整个铸钢件裂纹焊接修复完毕后，对挖掉的艉部船壳板进行装复。该船壳板为 45mm 厚的船用 E 级钢板，坡口采用了非对称的 X 形坡口。焊前采用烘枪对坡口区域进行 150℃预热，采用焊条电弧焊（J507 焊条）进行焊接，焊后采用保温棉覆盖缓冷，艉部船壳板的装复焊接细则见表 3-3。

本例成功实现了挂舵臂超大厚度铸钢件大深度裂纹（180mm）焊接修复。以上从焊接修复的难点分析到焊接修复方案制定、现场焊接工艺制定和保证、无损检测、焊后热处理以及焊接修复整个过程的焊接操作要点都给出了详细的说明，希望读者能够从中受到启发，在焊接生产现场遇到同类型焊接修复问题时能有所帮助。

表 3-3　艉部船壳板的装复焊接细则

名称	坡口尺寸图示	操作要点
坡口形式及装配间隙	45° 45° 0~3 60° 0~3 60°	按图示要求进行坡口开设及装配
焊接细则		焊接方法：焊条电弧焊 焊条：CHE50（GB：E5015） 焊条直径：ϕ3. 2mm、ϕ4. 0mm 电流： 打底焊道：90~120A（ϕ3. 2mm 焊条） 其余焊道：130~160A（ϕ4. 0mm 焊条） 操作要点： 1. 焊前预热到约 150℃ 2. 焊接过程中敲打每道焊缝表面以消除焊接应力 3. 控制层间温度为 100~300℃ 4. 焊接完毕后超声检测

问题 18　桩靴肘板与齿条区域焊接裂纹成因分析及对策

1. 问题描述

某项目桩靴下水后，发现 3 号桩腿的第 3 齿条板与桩靴肘板的立缝焊趾处有纵向裂纹，裂纹长约 1300mm，接着对其余 3 只桩腿的立缝焊趾处进行全面磁粉检测，结果发现该部位均存在长度不等的裂纹。从裂纹的走向、产生部位、出现时间等多种因素综合判断，该裂纹属于氢致裂纹，具有明显的延迟特征。

2. 问题分析

（1）裂纹部位

1）桩靴肘板与齿条板连接的 T 形接头，如图 3-13 所示的裂纹区域 1。主要产生于 A514 桩腿与 EH36 肘板之间的 T 形焊缝中，并且裂纹向 A514 桩腿扩展。

2）弦管与齿条板连接焊缝的下部区域（300～400mm），如图 3-13 所示的裂纹区域 2。裂纹在 A514 桩腿与 A514 弦管之间焊缝中，向 A514 桩腿扩展。

（2）裂纹部位的材料　齿条板、桩腿材料为 ASTM A514，该材料具有碳当量高、焊接性差的特点，容易产生延迟裂纹。肘板材料为 EH36。焊接裂纹如图 3-14 所示。

（3）结构应力的因素

1）桩腿与桩靴肘板之间的全焊透 T 形焊缝是桩腿与桩靴的合拢焊缝，该焊缝合拢后完成斜撑管与桩靴肘板面板的焊接。该

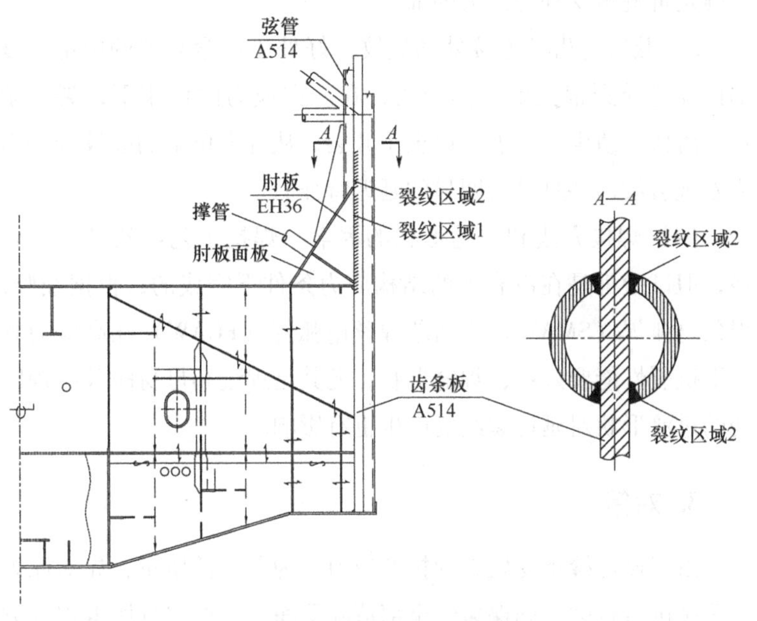

图 3-13　裂纹位置示意图

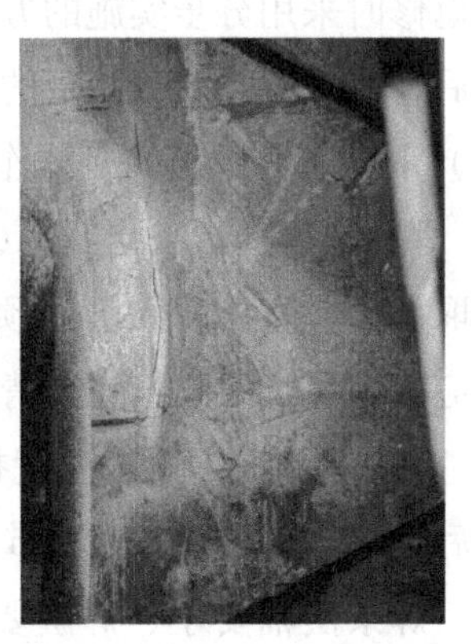

图 3-14　焊接裂纹

焊缝是桩靴承受外力最大的部位。

2）弦管与齿条连接处的裂纹正好处于锁紧装置的中部，该部位焊缝受到很大的三向应力，在三向应力的作用下，裂纹孕育、潜伏、萌生、扩展，以至于开裂，从许多单个的裂纹合并而成宏观裂纹，并且具有明显的延迟特征。

（4）焊接方法和焊缝形状的因素　焊接工艺虽然经评定合格，但试验都是在没有大的结构应力条件下完成的，根据经验，焊条电弧焊（SMAW）比药芯焊丝电弧焊（FCAW）在高应力状态下抗裂性能要好些；焊缝形状，尤其是焊缝和母材毗邻的焊趾处的过渡形状对延迟裂纹的产生也有影响。

3. 对策

由于该焊缝承受较大的拉伸应力，为了保证质量，先对原焊缝区域进行打磨，确保裂纹全部清除干净后，按照分段退焊的方法完成齿条与肘板 T 形接头的焊接；根据主弦管端部裂纹的受力状态，返修时采用分步实施的方法，即在肘板焊缝完全封闭、检验合格后，再进行主弦管部分的修复工作。

（1）肘板部分焊接修复操作要领

1）焊前事项：焊条启封后，无论是否为真空包装都应立即烘干，取出后应直接放入已经预热且处于良好状态的保温桶中。施工前应确保裂纹缺陷已完全清除干净。

2）齿条的补焊：预热温度控制在 160~180℃。预热温度达到要求后，采用直径为 ϕ3.2mm 的 E11018 焊条对齿条进行补焊。施焊时，焊条摆幅要小、焊层要薄，尽量控制在 3mm 以内。齿条板补焊的焊接顺序如图 3-15 所示，齿条修补完成后，再对肘板预热进行安装。

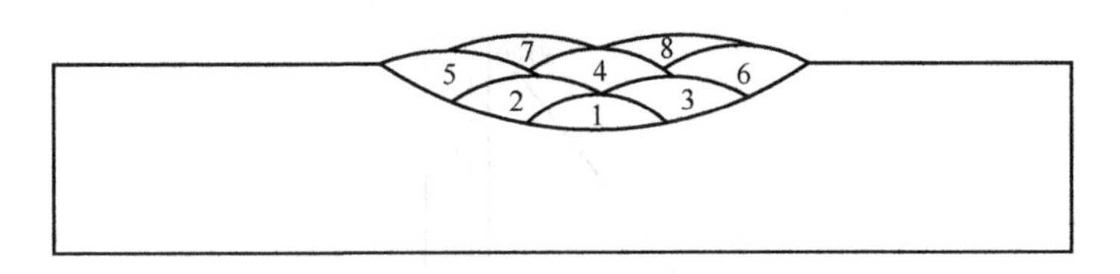

图 3-15　齿条板补焊的焊接顺序

3）肘板立焊缝的焊接：肘板立焊缝焊道布置如图 3-16 所示，焊接过程中应注意监控焊缝区域的温度，不可低于预热温度，层间温度不应超过 220℃。按照分段退焊的顺序对立焊缝进行焊接。立焊缝焊接顺序示意图如图 3-17 所示。

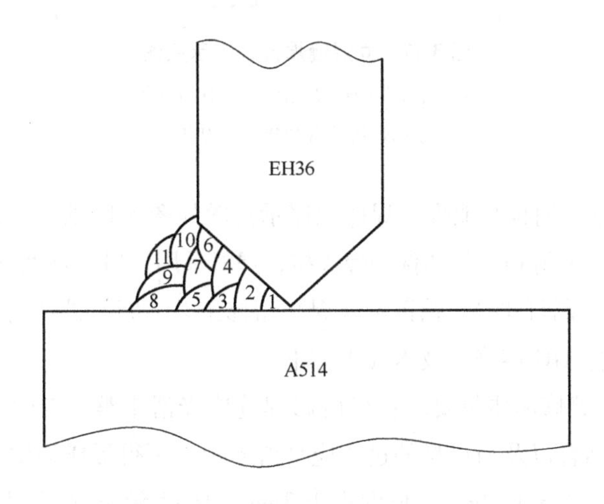

图 3-16　肘板立焊缝焊道布置示意图

注：一侧焊完 2 层后，背面用电砂轮清根，然后焊接另一侧，当两侧厚度相同时，再从两侧同时施焊。

4）肘板其余焊缝的焊接顺序：冷却后，按照先焊横焊缝后焊斜焊缝的焊接顺序完成其余焊缝的焊接，焊接时应预留 300mm

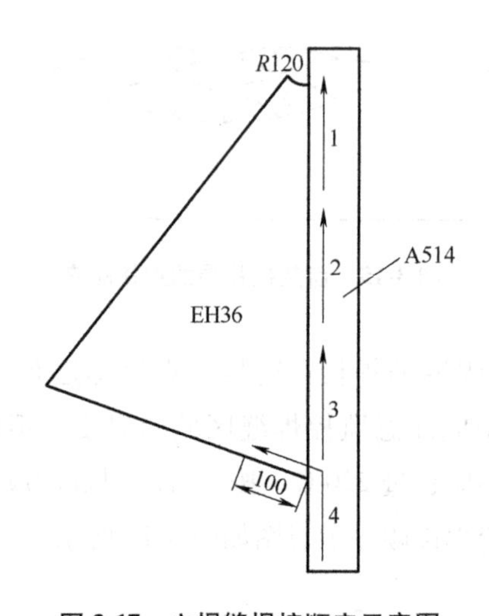

图 3-17　立焊缝焊接顺序示意图

注：1、2、3 步的焊接全部采用 E11018 焊条，
4 步的焊接采用 CHE58-1 焊条。

的缓焊区。肘板其他焊缝焊接顺序示意图如图 3-18 所示。该焊缝焊接时，采用 CO_2 气体保护焊焊接，焊材采用 TWE-711 焊丝。

（2）制订 TIG（钨极氩弧焊）熔修工艺方案　桩腿裂纹修复后，进行 TIG 熔修，技术要求如下。

1）熔修前质量要求：待熔修焊缝应光滑平整，与焊趾处原焊缝的结合以及与母材的过渡应平滑光顺，不得形成沟槽，咬边的深度应小于 0. 2mm，长度小于 3mm，任意 50mm 熔修焊缝内，咬边个数不得超过 2 个；待熔修焊缝表面不得存在任何裂纹、未熔合和夹渣等缺陷；熔修焊缝前后不得有肉眼可见的弧坑、凸起和微裂纹等缺陷。

2）熔修准备：熔修前用轻微打磨、擦拭等方法清理焊趾。清除焊趾及其两侧各 20mm 范围内锈迹、水迹和油污等，使之保

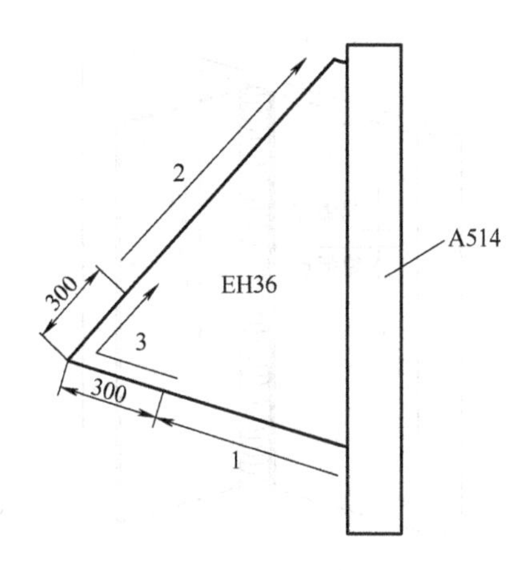

图 3-18　肘板其他焊缝焊接顺序示意图

持清洁、干燥，让表面露出金属光泽。同时对待熔修焊缝进行预热（≥160℃），必须保证预热均匀。

3）熔修：为了保证焊缝成形良好，与母材平滑过渡，熔修时采用立向下熔修。在熔修过程中如果发生熄弧，应在熔修焊道熄弧点上 6mm 处重新起弧。TIG 熔修熄弧、起弧示意图如图 3-19 所示。熔修时保证焊枪与工件表面呈 60°~90°夹角，与熔修方向呈 10°后倾角。焊枪操作角度如图 3-20 所示。

4）消氢处理：熔修结束后，将温度升到 200~250℃后进行保温处理，保温时间不小于 4h，冷却速度不大于 40~50℃/h。

5）检验：熔修后焊趾应平滑过渡到周围的母材，对不满足要求的焊趾应重新进行熔修。焊趾处的最小半径应不小于 3mm。外观检验合格，消氢结束 72h 后进行 100%的无损检测。

（3）弦管部分焊接修复操作要领

1）预热：确保全部焊缝 NDT 检验合格后，进行预热，预热

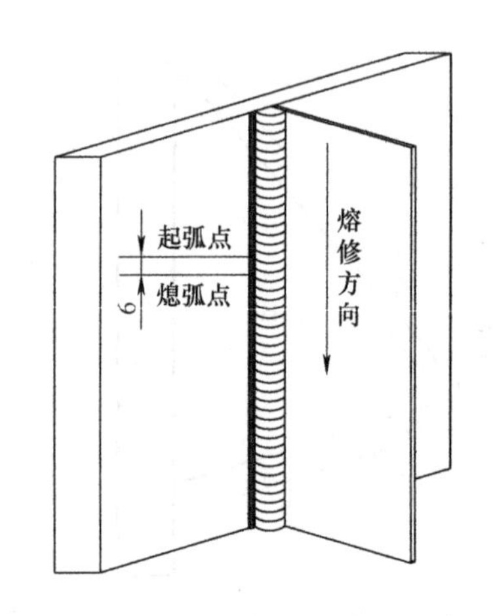

图 3-19 TIG 熔修熄弧、起弧示意图

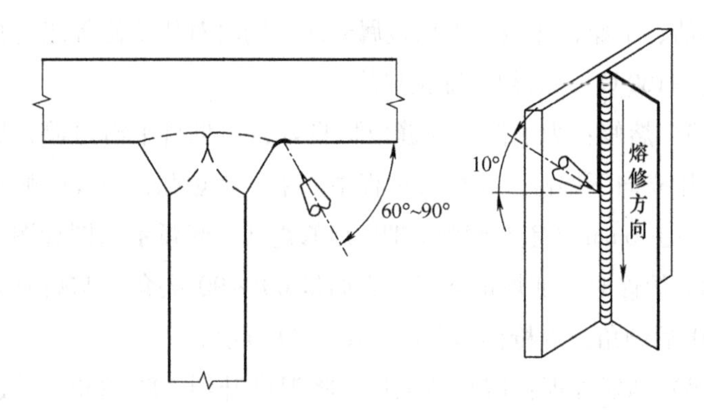

图 3-20 焊枪操作角度

温度控制在 160~180℃。

2）焊接：预热合格后，采用 E11018 焊条对弦管两侧的焊缝进行修补，具体焊接要求与肘板立焊缝的要求相同。

3）焊接完毕后，对两侧的焊趾进行熔修，熔修后进行消氢处理，方法同前所述。消氢结束72h后进行100%的NDT检验。

桩靴肘板与齿条的焊接裂纹在ASTM A514制造的自升式钻井平台的桩靴中经常会遇到，本例制定的焊接修复工艺对自升式钻井平台建造和服役过程中出现的类似延迟裂纹的修复具有较好的参考和借鉴作用。

问题19 EH 47止裂钢关键焊接技术工艺控制

1. 问题描述

止裂钢主要应用于超大型集装箱船的舱口围顶板、腹板、主甲板、舷顶列板以及抗扭箱的纵骨、甲板等船的受力和载荷最大的位置，其厚度为50~90mm，要求钢板具有高强度、高低温韧性、高应变性、高止裂性和良好的焊接性。EH47钢是常用的止裂钢，为确保EH47止裂钢的焊缝性能满足要求，下面对其焊接过程中的注意事项进行总结，通过焊接工艺试验来验证其焊接性，确保其良好的焊缝质量。

EH47止裂钢中含有较多的合金元素，如Cu、Ni、Cr、Ti和V等，用以改善钢材的性能，因此其碳当量比普通的高强度钢偏高，焊接性肯定要差一些。焊接过程中，为确保焊接质量满足规范要求，焊接工艺的制定尤为重要。这里以EH47止裂钢在某大型集装箱船的船体改造项目中的成功应用为例加以介绍。该船体如图3-21所示。

集装箱船的船体概况：船体部分材质为EH47止裂钢，该钢屈服强度为470MPa级，板厚50~90mm，其中主甲板角隅板、舱口围肘板及肋板的厚度为65~80mm，舷顶列板加强板的厚度为90mm。

图 3-21　某集装箱船的船体

2. 问题分析

（1）重点和难点分析　船体焊接主要为平焊和立焊，焊接位置及可操作性均比较常规。根据受力构件等强度原则，考虑构件的类型及其焊接特点，焊接生产过程中存在以下要点：

1）防止焊接过程中出现层状撕裂。

2）防止焊接变形。

3）防止正火钢热影响区脆化。

（2）EH47 止裂钢焊接性分析　EH47 止裂钢与焊材主要化学成分见表 3-4，EH47 止裂钢与焊材的力学性能见表 3-5。

表 3-4　EH47 止裂钢与焊材主要化学成分

材料	牌号	化学成分（质量分数，%）									
		C	Si	Mn	P	S	Ni	Cr	Mo	V	Cu
板材	EH47	0.07	0.22	1.42	0.006	0.001	0.79	0.21	0.22	0.0059	0.23
焊丝	GFR-81K2	0.029	0.21	0.95	0.009	0.002	1.74	0.02	0.002	0.02	0.01

表 3-5　EH47 止裂钢与焊材的力学性能

材料	屈服强度/MPa	抗拉强度/MPa	伸长率（%）	平均冲击吸收能量/J
板材	484	633	29	275（-40℃）
焊丝	563	601	27	96（-60℃）

（3）EH47 止裂钢裂纹敏感性分析

1）碳当量：采用国际焊接学会推荐的适用于中高强度的非调质低合金高强度钢碳当量公式，计算得出 EH47 止裂钢碳当量值为 0.46%。由于碳当量越高，淬硬和冷裂倾向越大，焊接性就越差，可以判断 EH47 有焊接冷裂倾向，所以在焊接时应采取适当的工艺措施，不同焊接性等级的工艺要求见表 3-6。

表 3-6　不同焊接性等级的工艺要求

焊接性	预热处理/℃	消除应力	敲击处理
Ⅰ优良	不需要	不需要	不需要
Ⅱ较好	40~100	任意	任意
Ⅲ尚好	100~150	希望	希望
Ⅳ可以	150~200	必要	希望

2）根据表 3-4 中 EH47 止裂钢的化学成分可知，S、P、Mn 的含量分别为 0.001%、0.006%和 1.42%，应该具有良好的抗裂性。按照 DNV GL 规范中对 EH47 止裂钢的热裂纹敏感指数的要求，根据推荐的热裂纹敏感指数计算公式计算出 EH47 止裂钢的热裂纹敏感指数值为 0.2，其热裂纹敏感指数符合规范要求。

3. 对策

（1）焊接材料选用　根据美国焊接学会标准 AWSD1.1 及船

级社规范 DNV-GL-RU-SHIP-PT2《中等强度材料选用》的相关规定，EH47 止裂钢可采用药芯焊丝 CO_2 气体保护焊或者埋弧焊，焊材型号选用见表 3-7。

表 3-7　EH47 止裂钢焊材型号选用

钢材牌号	药芯焊丝 CO_2 气体保护焊		埋弧焊	
	焊丝	气体	焊丝	焊剂
EH47	E551T-1，ϕ1.2mm	CO_2（≥99.8%）	H10Mn2，ϕ4.0mm	SJ101

（2）坡口加工要求　EH47 止裂钢的所有坡口均采用等离子切割机或火焰切割机进行加工，坡口加工后采用打磨机去除坡口面的淬硬组织，确保坡口面不影响焊接质量。坡口越大，焊接过程中熔敷在坡口里的填充金属的量就越多，焊接后变形也随之增大；当坡口较小时，焊枪难以摆动，焊接后容易出现根部缺陷，因此选用合理的坡口参数至关重要。所有的坡口在加工前均采用计算机模拟放样方式预制坡口，经计算机模拟后统一选用 35°坡口。具体坡口形式如图 3-22 所示。

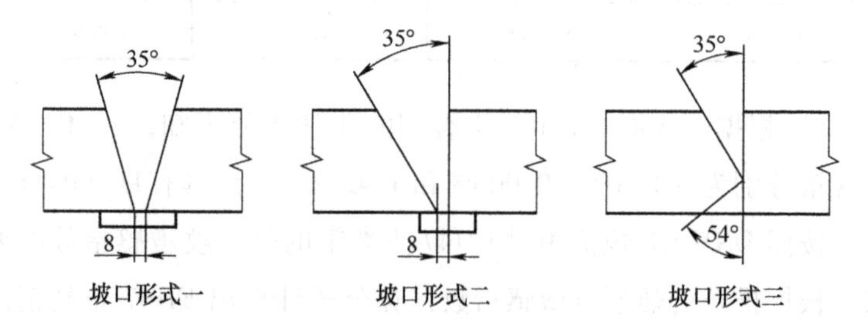

图 3-22　坡口形式

（3）余量加放　由于在焊接施工过程中会产生收缩变形，为避免影响精度，在对钢板进行下料时需加放余量。

（4）工艺措施

1）焊前预热：焊接前应对 EH47 止裂钢坡口及其两侧 100mm 范围进行预热。预热方式统一采用电加热板预热，预热温度≥125℃，预热时间≥2h，预热温度应在距坡口边缘 76mm 位置进行测量，如图 3-23 所示。测温枪需经过有资质的校验部门进行校验，确保测量温度的准确性。

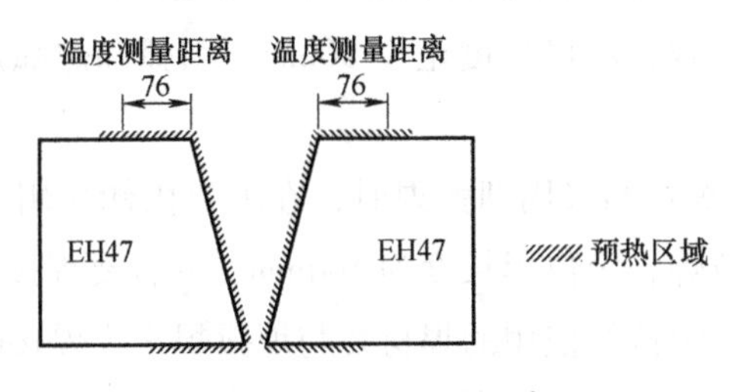

图 3-23　测温位置示意

2）焊接参数：焊接参数必须符合焊接工艺规程的要求，严禁大电流焊接，减小焊接热影响区。两种焊接方法的焊接参数分别见表 3-8 和表 3-9。

表 3-8　药芯焊丝 CO_2 气体保护焊（FCAW）焊接参数

焊层	焊接电流/A	电弧电压/V	焊接速度/(mm/min)	热输入/(kJ/mm)
打底	170~200	22~26	100~240	0. 94~3. 12
填充	180~240	23~28	150~350	0. 71~2. 69
盖面	180~240	23~28	120~300	0. 83~3. 36

表 3-9　埋弧焊（SAW）焊接参数

焊层	焊接电流/A	电弧电压/V	焊接速度/(mm/min)	热输入/(kJ/mm)
打底	550~600	26~30	320~400	2. 15~3. 38

（续）

焊层	焊接电流/A	电弧电压/V	焊接速度/(mm/min)	热输入/(kJ/mm)
填充	620~720	28~32	360~440	2.37~3.84
盖面	650~700	28~32	360~440	2.48~3.74

3）引弧板和引出板：在焊接引弧和熄弧端必须安装引弧板和引出板，厚度和材质与母材相同并开设坡口，坡口角度要求与母材的坡口一致，坡口长度至少50mm。引弧和熄弧严禁在坡口内进行。

4）定位焊：当采用埋弧焊时，在坡口内侧采用CO_2气体保护焊进行定位焊，定位焊长度为100mm，并且要焊接三道，以防止焊缝开裂。定位焊使用的焊材要与埋弧焊正式焊接时的焊材一致；在正式焊接前，需打磨定位焊缝两端使其光滑过渡。

5）多层多道焊：多层多道焊能有效减少焊接热输入，进而有效控制焊接变形和焊接应力。在多层多道焊技术的基础上，通过错位焊能有效对前一道焊缝进行热处理，从而改善焊缝的组织与性能。焊接时每道焊缝之间的接头至少应错开50mm以上，以保证焊接接头的质量，具体如图3-24所示。当焊枪摆动时，最大焊缝宽度不超过16mm。

图3-24　焊接时每道焊缝之间的接头至少错开50mm以上

6）层间温度控制：在焊接过程中，要保证必要的层间温度，最低的层间温度不低于预热温度，最高温度不超过200℃。层间温度低于所要求的预热温度时，可以进行再预热，或采用边焊接边预热的方式来保证层间温度，以保证焊接的连续性。

7）防风措施：在室外进行 EH47 止裂钢焊接作业时，如在主甲板、舱口围板等处进行合拢焊接时，需要做好挡风措施，特别是采用 CO_2 气体保护焊时更要注意防护。当遇到下雨或下雪天气时，室外的焊接作业应停止。

8）防变形措施：EH47 止裂钢的强度大，厚度较大，钢材在焊接后横向收缩较大，因此在主甲板、舱口等区域进行合拢焊接时，采用马板进行刚性固定，以减小变形。

9）焊后缓冷：在焊接完成后，采用保温棉将焊缝区域进行包裹，以减缓焊缝的冷却速度，从而降低焊缝的淬硬倾向，避免焊缝快速冷却而产生裂纹，确保焊缝的力学性能。

10）焊后消除应力处理：焊接后采用锤击或者消除应力设备对焊缝进行消除应力处理，采用锤击时应保证锤击的均匀性，用力适度，避免出现延迟裂纹。

通过采用各项工艺技术措施，在产品的焊接过程中取得了较好的应用效果，确保了该项目中 EH47 止裂钢的焊接质量，为 EH47 止裂钢及类似钢板的焊接技术积累了经验，为同类工程的焊接施工和焊接生产提供了借鉴和参考。

问题 20　EQ 56 钢与齿条板焊趾裂纹的焊接修复工艺

1. 问题描述

某项目半潜式钻井平台在建造过程中，焊接后对美国船级社认证的海洋工程用钢板 EQ56 与齿条板焊缝进行超声检测，发现有 6 处立缝焊趾存在纵向裂纹，后续对该区域进行全面磁粉检测，检测后发现该区域均存在长度不等的裂纹缺陷，多数裂纹位置在立缝齿条侧的焊趾处，如图 3-25 所示。

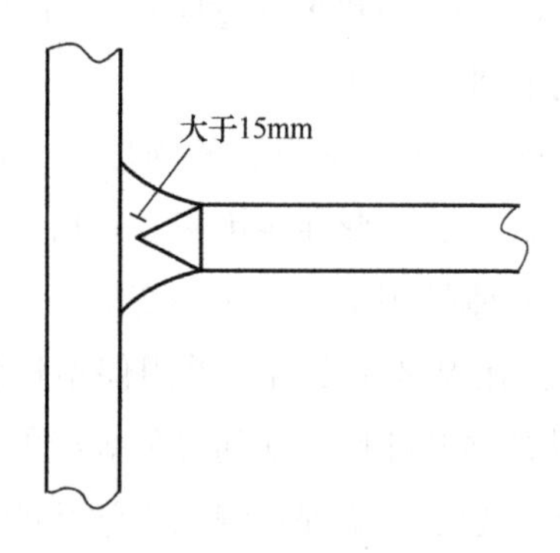

图 3-25　裂纹位置

2. 焊接修复工艺方案

（1）调试焊接设备　保证参数稳定；地线导电良好；温控箱设备经检查后状态正常，加热片导电良好，温度可控；与热电偶配合使用的曲线打印机状态良好等。

（2）焊接材料　对焊材（瑞典伊莎 Atom ARCT ϕ3. 2mm/ϕ4. 0mm-SMAW）进行烘干，烘干温度为 370℃±10℃，保温 1h；使用已预热至 70℃的保温桶领取焊条，到现场后及时插电保温，焊接时随用随取，随时关盖，手持焊条仅 1 根（禁止徒手或戴有油污、脏物的防护手套拿取焊条）。向焊材保管及发放人员交底，对领取焊条时使用未经提前预热至 70℃的保温桶的人员不予发放焊条。

（3）碳弧气刨前的准备　碳弧气刨前对整个构件进行气锤振动，时间20~40min，尽量使存在于构件中的应力得到释放。然后对整条焊缝重新做超声检测，标出所有缺陷的深度、长度和类型。

（4）碳弧气刨　根据超声检测结果确定缺陷位置，碳弧气刨前将EQ56钢和齿条板均匀预热至160℃；碳弧气刨过程中，将温度差控制在20℃以内。在缺陷两端各增加50mm碳弧气刨区域，碳弧气刨方向从没有缺陷的两端向中间进行，注意碳弧气刨的深度及角度。碳弧气刨时避免伤及齿条板表面和使坡口角度呈“内凹”“外凸”状。碳弧气刨后至少打磨去除碳弧气刨面以下3mm，确保渗碳层完全清除，打磨后的坡口两端应有一定的角度以适合返修焊接。测量碳弧气刨深度并记录，经QC确认后，进行磁粉检测，确认缺陷完全清除后，再进行下一步操作。

（5）预热　铺设加热片和保温棉，加热片的宽度为200mm，加热片铺设长度必须覆盖焊接起始端和终止端各600mm范围。将EQ56钢和齿条板均匀预热至160℃（不得超过200℃），将温度差控制在20℃以内。钢板加热面的另一面为温度检测点，使用测温枪或测温笔交替检测，温度检测要求在近焊缝周边EQ56钢侧、齿条板表面75mm范围、齿条板1/4板厚处测量，每间隔120mm一个测量点，每点测量温度时保持1~2min，保证测量温差范围≤20℃。焊接时，焊接侧加热片向外移动，禁止拆除。

（6）焊接顺序（锤击）及分段布置

1）焊道布置、焊接顺序及分段布置如图3-26所示。需要注意的是，当缺陷较短（小于1m）时不必分段；当缺陷较长（大于1m）时采取分段焊接，每段≤1.2m（焊接接头呈梯形过渡），除打底两层外，其余焊道按每段/层交替焊接。

2）锤击方式：气锤端部为圆角（$R=3\sim5$mm）。根部焊层区域（≤ 3层）中每道焊接停止后立即进行气锤振动，锤击时间20~25min。当一面完成根部约3层（焊道厚度约10~12mm）焊接时，进行一次消氢处理，消氢温度/时间为250℃/1h。3层以后每段焊道焊完后立即进行气锤振动，锤击时间5~10min；盖面焊道不锤击，原始焊道的打底层不锤击。沿焊道长度方向锤击用力要均匀，锤击后打磨焊道/焊层接头。

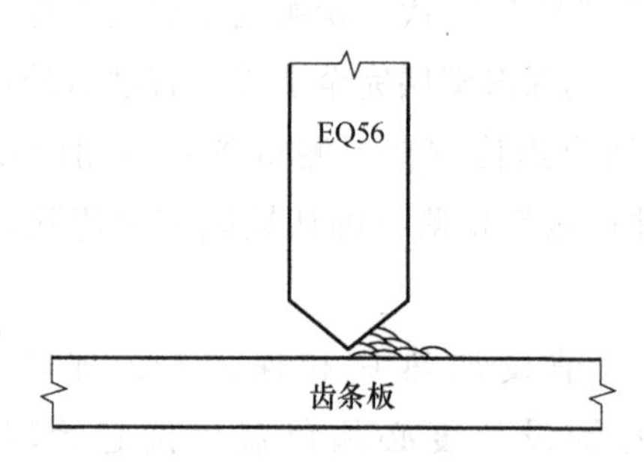

图3-26 焊道布置

3. 焊接变形控制及焊后外观要求

EQ56钢焊接完成后的精度控制检验项目为垂直度、齿条板平整度、直线度及长度。焊接过程中存在焊接变形，精控人员必须设置尺寸监控点，及时监控尺寸。焊接过程中的变形记录见表3-10。

焊接盖面完成后，焊工应及时检查外观，如果需要修补，应保证在受热状态下完成，焊接后立即消氢。

表 3-10　齿条板焊接过程中变形记录（单位：mm）

齿条板焊接过程中变形记录											
位置 / 项目			A	B	C	D	E	F	G	H	备注
分段名称	平整度/垂直度	加温前									
		焊接前									
		焊接中									
		缓冷后									
	旁弯	加温前									离齿心为正 向齿心为负
		焊接前									
		焊接中									
		缓冷后									
	长度收缩	加温前									伸长为正 缩短为负
		焊接前									
		焊接中									
		缓冷后									

4. 焊后消氢处理

焊后立即对角焊缝铺设加热片或保温棉进行消氢处理。消氢处理曲线如图 3-27 所示。

1）当温度达到 250℃，恒温至少 4h，升温、恒温、降温过程保持 EQ56 钢和齿条板温度相同，误差控制在 20℃以内。如有必要，可以用不同的温控箱对每个加热片进行单独控制。

2）加热片温度≤350℃。消氢时将热电偶固定在焊缝上，热电偶与加热片之间用少量保温棉隔离。

3）消氢处理后当温度降到 100℃后，可以对加热片断电，让焊缝在保温棉的包裹下自然缓冷；缓冷后对整体构件进行振动处理，时间20~45min。

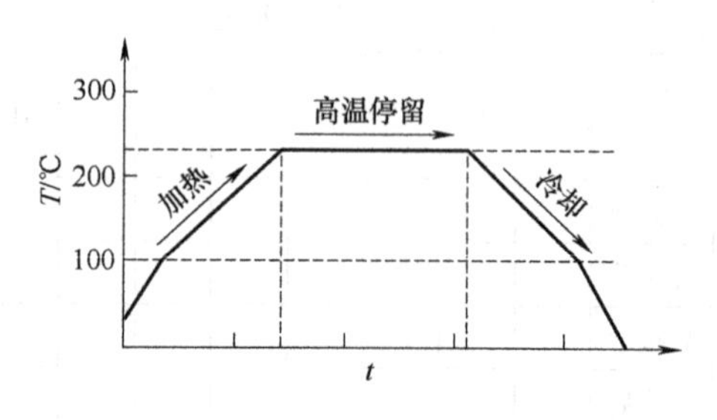

图3-27 消氢处理曲线

注：加热速度为50~55℃/h，冷却速度为50~55℃/h，高温停留时间为250℃/4h。

需要注意的是，恒温过程中温控人员应按照焊接/消氢记录表要求每隔30min至少检测一次温度，检测区域为EQ56钢侧、齿条板表面、齿条板1/4厚度处，保证温差≤20℃；缓冷过程中按照焊接/消氢记录表每隔20min至少检测一次，检测区域为EQ56钢侧、齿条板表面、齿条板1/4厚度处，保证温差≤20℃。

5. 无损检测

时效72h后按美国船级社ABS2002+2010《船体焊接无损检测标准》进行检测。

焊接过程中QC要进行全程监控，控制焊接参数，包括预热温度（>160℃）、层间温度（<200℃）、尺寸监控、消氢参数和温度均匀性。返修过程中，确保焊工和温控人员固定。

第 4 章

不锈钢和非铁金属焊接问题

本章指出了不锈钢、铝合金以及钛合金焊接中常见的一般性问题，对现场焊接时容易出现的气孔、裂纹和氧化问题做了分析，以实例说明确定焊接工艺时应该注意的原则和常用的工艺措施。

问题 21　增大热输入给奥氏体不锈钢焊接带来的问题及对策

奥氏体不锈钢焊接熔池凝固过程中只有一次结晶，也就是焊缝金属从液态转变为固态，不像碳钢或者低合金钢焊缝有二次结晶（也称固态相变），因此对于不锈钢焊缝，凝固后形成的奥氏体焊缝金属中的组织冷却到室温的过程中只发生晶粒长大。应该引起重视的是凝固后得到的焊缝金属虽然在连续冷却，但是温度仍然很高，所以其晶粒长大一直在继续。

通常情况下，施工方为了赶进度，或者焊工为了提高生产效率，会采用增加热输入的方法提高焊材熔敷效率。这样做的结果，表面上看是提高了生产效率，其实存在着接头性能得不到很好保证的问题。主要是因为随着焊接热输入的增加会发生以下各种问题：

1. 合金元素发生烧损

若电流过大，使焊接热输入过大的话，母材可能会发生过烧，焊丝或者焊条中有益的合金元素被烧损。焊条或者焊丝在电弧的热作用下发生熔化，随之进入焊接熔池，如果焊接热输入过大，合金元素在电弧反应区就可能已经被烧损了；如果焊接熔池在高温下停留时间过长，还有可能使合金元素在熔池阶段进一步被烧损，也会使凝固后的焊缝金属在高温下停留时间过长而发生氧化。奥氏体不锈钢管钨极氩弧焊全熔透焊，纯氩气中添加氧气时的氧化情况如图 4-1 所示。

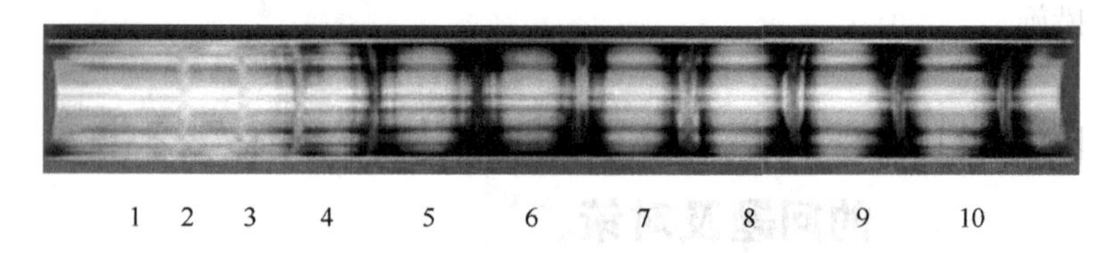

图 4-1　奥氏体不锈钢管钨极氩弧焊全熔透焊，纯氩气中添加氧气时的氧化情况

1—10×10^{-6}　2—25×10^{-6}　3—50×10^{-6}　4—100×10^{-6}　5—200×10^{-6}　6—500×10^{-6}
7—1000×10^{-6}　8—5000×10^{-6}　9—12500×10^{-6}　10—25000×10^{-6}

2. 增加了结晶裂纹敏感性

过大的焊接热输入导致在凝固后期已经凝固的奥氏体晶粒长大严重，同时也会造成焊接热影响区的晶粒长大。在晶粒之间富集大量的低熔点共晶，由于已经凝固的奥氏体晶粒冷却收缩，使该处没有足够的金属液回填，从而形成结晶裂纹（凝固裂纹）。结晶裂纹如图 4-2 所示。如果是焊接热影响区的话，或者是多层多道焊的层间（前面的焊缝为后一道焊缝的热影响区），就有可能会诱发液化裂纹。

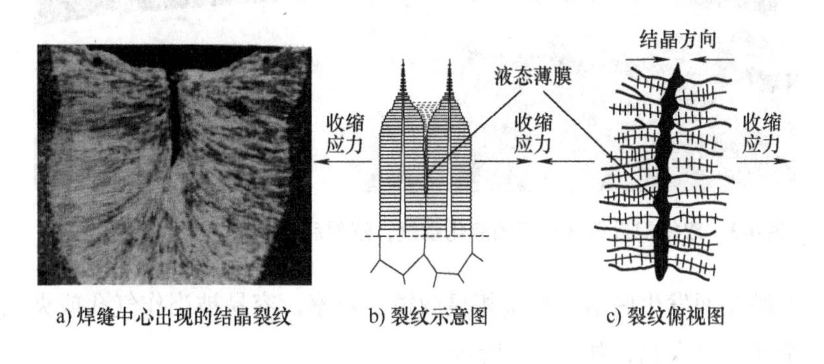

a) 焊缝中心出现的结晶裂纹　　b) 裂纹示意图　　c) 裂纹俯视图

图 4-2　结晶裂纹

图 4-3 所示为 S22053 双相不锈钢筒体和管板焊缝，在该焊缝边缘 4mm 的地方出现裂纹。焊接工艺为氩弧焊打底，焊条电弧焊盖面，焊条直径为 ϕ4mm，焊三层，每层一道，焊接电流约 180A，焊缝宽度约 13mm。由于裂纹出现在母材的热影响区中而没有在焊缝金属中，因此判断是液化裂纹。虽然母材的杂质含量可能比较高，但是由于更换母材在施工现场是不现实的，所以只能从焊接工艺上予以解决。研究后建议采用小热输入和多层多道焊，采用新的焊接工艺焊接后试压通过，再也没有出现类似裂纹。

3. σ 相脆化

过大的焊接热输入使焊接热影响区在 500～925℃停留时间过长，为 σ 相的析出提供了条件，因此诱发 σ 相脆化。σ 相与奥氏体基体相比是比较硬的颗粒相，在制备金相试样过程中，因研磨

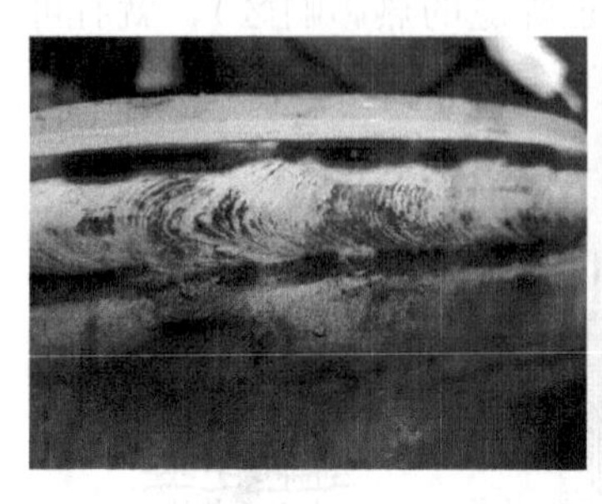
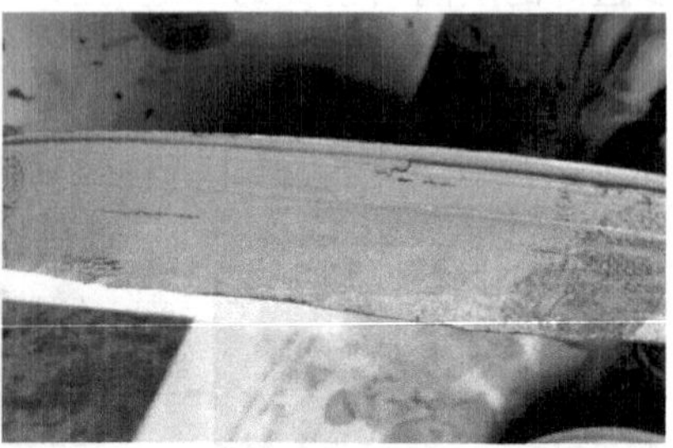

图 4-3　双相钢近缝区出现的液化裂纹，解剖后在热影响区中的液化裂纹

或抛光而发生脱落，在金相显微镜下观察，容易被当作气孔或夹杂而造成误判，如图 4-4 所示。

图 4-4　金相显微镜下的 σ 相形貌

在某公司生产的太阳能相关设备上出过类似案例。该设备主体材质为 316L（美国不锈钢牌号），水道盖板材质为 316，气道盖板材质为 304，焊丝为 ER316L，保护气体为纯氩气（99.99%）。同时在两家单位进行焊接，焊接后进行车削加工，加工中在焊缝表面 0.8mm 以下发现针孔状焊接缺陷，怀疑是夹杂或者是气孔。经分析焊接参数后认为是施焊时焊接热输入偏大，造成

σ 相脆化。这种针孔状缺陷其实是在机加工时把脆性的 σ 相碰掉了。经能谱分析发现针孔状区域的 Cr 含量较其他部位的 Cr 含量高出很多，比较符合 σ 相的成分特点。因此建议在焊接时降低热输入，当采用小规范和低热输入焊接后该焊接缺陷显著消除。

4. 降低耐蚀性

增大焊接热输入会使母材或者焊材中的稳定化元素 Ti、Nb 形成的析出相团聚长大或者溶解而失去其效用。稳定化元素 Ti、Nb 主要是与 C 更容易反应生成 TiC 和 NbC，从而保护焊缝或者母材中的 Cr 不与 C 反应生成 $Cr_{23}C_6$ 而出现贫 Cr 现象。大家知道，贫 Cr 是造成奥氏体不锈钢焊接接头耐蚀性下降的主要原因。大部分焊接技术人员都知道，热输入过大的时候，奥氏体不锈钢焊接接头或者焊缝的晶间腐蚀试验是不会合格的。

对于上述因焊接热输入过大而引起的问题，通常情况下无损检测等手段是检查不出来的。由此给生产的焊接构件或部件，尤其是给一些存储或输送高温、高压或者带有强腐蚀性介质的容器、管道以及其他产品带来潜在的危险。这种缺陷只有在发生重大失效破坏时通过分析才能发现，希望引起大家的足够重视。

问题 22　奥氏体不锈钢的焊缝能否用泼水冷却？

为什么对不锈钢焊缝泼水冷却提出质疑？是因为大多数的焊工入行的时候几乎都是从焊接碳钢、低合金钢开始的，不管是自己的师傅，还是焊接培训的老师，在培训时都会提及坡口要去除油污、铁锈，打磨干净，焊条药皮要烘干，埋弧焊的焊剂要烘干，防止焊接区的水分进入焊接熔池或者焊接热影响区而导致焊接裂纹。对于碳钢和低合金钢来说，焊接氢致裂纹（冷裂纹）是主要焊接缺陷之一。大家知道焊接氢致裂纹的三要素是淬硬组织（马氏体）、应力和氢。因此为了减少焊接接头中氢的含量，自然要在焊前清理坡口，烘干药皮和焊剂，从源头上隔断氢进入焊接接头。如果还不能有效防止氢致裂纹，还要在预热、层间温度控制、后热以及焊后热处理等工艺措施上严格控制。所以说，在碳钢和低合金钢的焊接上，很多焊工经过学习和实践，基本上已经从潜意识里形成了很多防止和避免氢致裂纹的工艺措施。正因为以前一直要求从各方面减少焊接区的水分，现在如果在焊接过程中用泼水的方式冷却焊缝，不就彻底推翻了以前的认识吗？

同类型的金属材料化学成分不同、强度级别不同以及服役环境不同，对焊接接头的组织和性能的要求也不同，在实际焊接生产过程中可能出现的焊接问题也不同，所采取的焊接工艺措施也就不相同，对于不同类型的金属材料则更是如此。也就是说，对于不锈钢来说，化学成分和组织性能与碳钢、低合金钢有很大的差异，焊接过程中出现的问题也不相同。这里化学成分和组织性能上的差异就不用说了，奥氏体不锈钢焊接过程中出现的主要问题之一就是热裂纹，主要是结晶裂纹（凝固裂纹）和液化裂纹，不像碳钢和低合金钢的焊接接头中有氢致裂纹，所以采取的焊接工艺措施自然不同。

不锈钢焊缝主要的化学成分是 Cr，Cr 是保证母材和焊缝不生锈的主要元素，一般要求含量大于 12.5%（质量分数）。奥氏体不锈钢焊缝的组织主要是奥氏体，奥氏体组织不像碳钢和低合金钢焊缝的组织要发生固态相变，所以从焊接熔池凝固后冷却到室温几乎都是单一的奥氏体组织，在整个过程中只发生组织晶粒长大。

不锈钢焊缝中的 Cr 容易和 C 反应生成金属间化合物 $Cr_{23}C_6$。C 的原子尺寸比较小，而且容易向晶界偏聚，因此 C 在奥氏体晶界附近偏聚，达到一定的浓度后与 Cr 生成化合物 $Cr_{23}C_6$。生成化合物后，晶界的 C 浓度降低，使得远离晶界的 C 很容易通过扩散向晶界偏聚，与晶界附近的 Cr 进一步反应生成化合物。晶界处的 Cr 被大量消耗生成了化合物，由于其原子尺寸较大，从远离晶界处扩散到晶界附近很困难，由此就造成晶界附近贫 Cr。合金元素发挥其有效的作用是在固溶状态下，有益的合金元素一旦形成了化合物，其作用就会失效。所以对不锈钢接头来说，如果某些区域的奥氏体组织晶界贫 Cr，一旦其含量低于 12.5%，就会失去耐蚀的性能。由于元素的扩散和温度以及时间有关，温度越高，元素的扩散能力越强；在高温停留的时间越长，扩散过程就越充分。由此可知，在保证不锈钢焊缝性能的情况下，要尽可能地使用小热输入，减少过热，加快冷却速度，从而抑制 C 向奥氏体晶界偏聚，避免在奥氏体晶界处形成贫 Cr 区，这就是为什么要对不锈钢焊缝强制冷却的原因。除了通过小热输入这个工艺措施提高和改善奥氏体不锈钢焊接接头抗裂性和耐蚀性，还有很多措施，比如在母材和焊材中尽量减少 C 含量。在母材和焊材中添加稳定化元素 Ti 和 Nb，这两种元素比 Cr 更容易与 C 反应，生成 TiC 和 NbC，这样就没有多余的 C 与 Cr 反应了，这也是一种比较好的方法。但是对于施工现场的焊接工程师和焊工来说，用小热输入施焊、多层多道焊可能是更容易在施工现场实现的工艺措施。现场的问题现场解决，不能出了问题就换母材、换焊材，这不是解决现场焊接问题之道。

同样是裂纹，碳钢和低合金钢接头的裂纹通常是氢致裂纹，而不锈钢接头的裂纹通常是热裂纹，热裂纹的形成主要和低熔点共晶膜有关。对于不锈钢焊缝来说，合金元素含量高，而且一般都是熔点比较高的合金元素，在焊接熔池冷却时，这些高熔点的合金先凝固，而低熔点的组元和杂质元素都向凝固过程中的固/液界面的前沿富集，也向已经凝固的粗大的柱状奥氏体组织的晶界处富集。在焊接熔池凝固后期，大部分的奥氏体晶粒已经形核长大，在奥氏体晶粒之间存在着低熔点共晶液尚未发生凝固。由于此时已经凝固的奥氏体晶粒因温度下降而发生收缩，所以奥氏体晶粒之间就形成了空隙，如果没有凝固的剩余液相（低熔点共晶液）很充足，能回填这个空隙，就不会形成微裂纹；如果剩余液相不足以回填全部空隙，就会形成微裂纹。若是焊接拘束应力很大，有时候在奥氏体焊缝中心线部位（最后凝固的区域，低熔点共晶液最多）直接就产生了沿焊接方向的贯穿型裂纹。对于奥氏体焊缝来说，奥氏体晶粒越粗大，越容易在奥氏体晶粒之间形成低熔点共晶液相，在焊接熔池凝固降温的过程中，收缩应力就越大，引起热裂纹的倾向就越大，热裂纹敏感性就越大。所以为了减缓或抑制奥氏体焊缝中奥氏体晶粒的长大，通常建议采用小的焊接热输入，同时采用加速冷却的方式。据现场焊工的经验，加速冷却的方式有很多，比如：用湿抹布擦拭焊缝表面、用压缩空气吹焊缝表面、在焊缝背面加水冷铜块等，焊接不锈钢对接管或者法兰时，在管道或者容器内部装满水或者循环水以加强冷却效果。

现在大部分的焊工都能掌握不锈钢的焊接工艺，并且能自觉、严格地按照工艺评定的工艺规范施焊，为什么还要单独强调这个问题呢？就是想让大家知道在焊接时需要了解该金属材料的焊接性，根据其焊接性来制定具体的焊接工艺。

问题 23　铝合金焊接过程中的气孔和裂纹问题及对策

铝合金的焊接有四大问题，即气孔、裂纹、等强性和焊接接头的腐蚀性问题。铝是活性元素，本身能脱氧，不像钢在焊接过程中会形成 CO 或 CO_2 气孔，所以铝合金焊缝的气孔主要是氢气孔。

铝合金是典型的多元共晶合金，焊接过程中加热和冷却很迅速，固相和液相之间合金元素的扩散来不及进行。先结晶的是高熔点合金组元，后结晶的低熔点的合金组元被排挤到焊缝中心。在凝固过程快要结束时，在焊缝中心部位富集了很多由低熔点组元组成的低熔点共晶液相，在焊接应力作用下发生开裂，即可形成焊缝中心结晶裂纹。

铝合金焊接时焊缝中的气孔和结晶裂纹如图 4-5 所示。本例主要以气孔和裂纹为对象进行介绍。

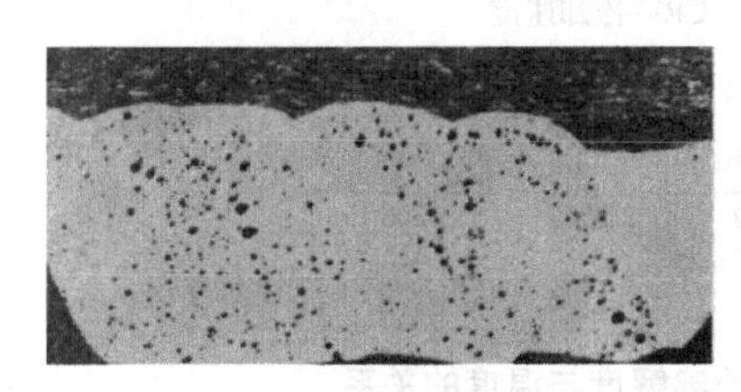
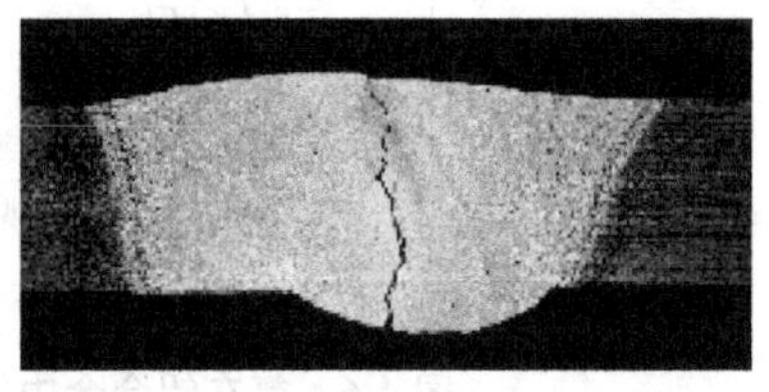

图 4-5　铝合金焊接时焊缝中的气孔（左）和结晶裂纹（右）

1. 铝合金焊接过程中的气孔

（1）氢的来源和氢气孔产生的原因　氢主要来源于保护气体中的水分、焊材和母材表面吸附的水分以及工件坡口处的氧化膜、油污等。铝合金焊接时产生气孔的主要原因有以下三点：

1）由铝本身的物理性能决定的。在焊接铝、铜、镍、铁等金属时，其中铝焊缝产生气孔所需的临界氢分压最低，所以容易产生气孔。纯铝的临界氢分压最低，因此纯铝对气氛中的水分最为敏感。

2）与氢在铝中的溶解度变化有关。氢的溶解度在铝合金的凝固点从 0.69ml/100g 突降到 0.036ml/100g，相差约 20 倍（图 4-6），焊接熔池凝固时在高温阶段溶解的大量的氢要脱溶析出，来不及逸出就会残留在焊缝金属中形成气孔。

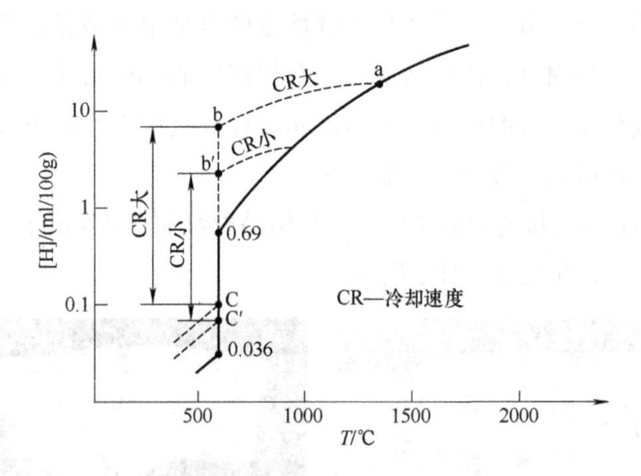

图 4-6　氢在铝合金中的溶解度与温度的关系，冷却速度对氢在铝合金中过饱和度的影响

3）铝的导热系数很大，在相同的工艺条件下，铝熔合区的冷却速度是高强度钢的 4~7 倍，不利于气泡的逸出。

（2）氢气孔的影响因素　铝合金焊接时气孔的影响因素主要有以下几个方面：

1）焊接方法的影响。MIG（熔化极气体保护焊）焊时，焊丝以细小熔滴形式向熔池过渡，弧柱温度高，熔滴比表面积大，熔滴易于吸氢；TIG 焊时，主要是熔池金属表面与氢反应，比表面积小，熔池温度小于弧柱，吸氢条件不如 MIG 焊有利；另外，MIG 焊熔池深度大于 TIG 焊，不利于氢气泡的逸出。

2）极性的影响。TIG 焊直流反接时，具有阴极雾化作用，可以避免氢的产生，但钨极易烧损，形成缺陷；TIG 焊直流正接时无阴极雾化作用，熔深大，对气泡逸出不利。MIG 焊时，采用交流电源，工件在负半波时有阴极雾化作用。

3）焊接参数的影响。焊接规范主要影响熔池的高温停留时间，从而对氢的溶入时间和析出时间产生影响。TIG 焊时，采用小热输入，小的规范，高的焊速，减少焊接熔池存在时间，减少氢的溶入；MIG 焊时，焊丝氧化膜的影响更为显著，不能像通过减少熔池高温存在的时间那样来防止氢向熔池的溶入，而是要延长熔池存在时间，让熔滴阶段溶解的氢在焊接熔池凝固时有充足的时间逸出。所以通过降低焊速和提高焊接热输入来增长熔池存在时间，有利于减少焊缝中的气孔。

4）保护气体中的水分和氧化性影响。采用高纯 Ar 或采用 Ar+He 改变（即提高）热容量，能改变焊接熔池形状，使尖“V”形变为圆底形，延长熔池停留时间，有利于气孔逸出；或者采用 Ar+(0.5%~1%)O_2、Ar+(2%~5%)CO_2，增强保护气氛的氧化性，以减少氢的来源。

5）表面状态的影响。不同的焊材、母材，其氧化膜性质不同，对气孔的影响有差别。其中 MgO 疏松并且易吸水，产生气孔倾向大；MnO 致密而且不易吸水，气孔倾向小。

6）环境因素的影响。主要是指温度和湿度。0℃以下，湿度不影响气孔的产生；0℃以上，温度越高，湿度越大，气孔敏感性越高。

7）焊接区的清理对气孔敏感性也有很大的影响，比如坡口表面的氧化膜、油污等清理不彻底，就会增加焊缝的气孔敏感性。

（3）焊接施工现场气孔的防止措施　根据焊接生产施工现场经验，解决铝合金焊接气孔问题的比较简易有效的工艺措施如下：

1）对坡口部位进行打磨，或者用刮刀刮掉坡口面的氧化膜，然后立即焊接，可以显著降低铝合金焊接气孔。铝很活泼，刚加工好的铝合金表面很快就会被氧化，有一层薄薄的氧化膜，如果不去除这层氧化膜，焊缝气孔敏感性很大。所以焊前打磨或者用刮刀刮掉这层氧化膜，可以显著改善气孔敏感性。

2）氩弧焊时采用直流反接，利用阴极雾化作用去除或者击碎焊接面的氧化膜。

3）注意环境湿度，适当增加保护气氛的氧化性（比如添加 CO_2、O_2 等气体），用洁净度高的保护气，降低保护气体的露点。

4）适当增加焊接热输入，让氢气在焊接熔池凝固结束之前有充足的时间逃逸。

2. 铝合金焊接时的裂纹

（1）铝合金焊接时裂纹的影响因素　铝合金焊接时的裂纹主要是热裂纹，形成热裂纹需要两个条件，第一个条件是凝固终了之前存在低熔点共晶膜，第二个条件是存在拉伸应力。所以，与这两个条件有关的因素都会影响裂纹的产生。其中力学因素主要是拘束度的影响，这是裂纹产生的必要条件。焊接时熔融的母材和焊丝组成焊接熔池，两者形成的焊缝金属的液相线和固相线之间的距离越宽，生成柱状晶后就越容易在柱状晶之间产生成分偏析，偏析的低熔点组元是形成共晶液膜的来源。

铝合金焊缝容易出现裂纹，也和铝合金材料自身的属性是分不开的。主要表现在：

1）铝合金为共晶合金，裂纹倾向与合金结晶温度区间大小有关系。如果存在其他元素或杂质时，可能出现三元共晶，其熔点比二元共晶更低，结晶温度区间更大，更容易产生热裂纹。

2）铝的线胀系数大，比钢大 1 倍，在拘束条件下焊接，容易产生较大的焊接应力，增大裂纹倾向。

3）铝合金焊接过程中没有相变，在焊接熔池凝固过程中已经凝固的晶粒一直在长大。因此，容易形成粗大的柱状晶，低熔点组元很容易在粗大的柱状晶晶间发生偏析，形成低熔点共晶液膜，增加了热裂敏感性。

（2）焊接裂纹的防止措施

1）选择合适的焊丝，也就是通过控制焊缝合金系统改善焊缝的抗裂性。控制适量的低熔点共晶，缩小结晶温度区间。少量的低熔点共晶会增大热裂倾向，增加主要合金元素对热裂纹可以产生愈合作用。比如，焊接Al-Mg合金时采用Mg含量为3.5%~5%（质量分数）的焊丝；焊接3A21（Al-Mn）时采用Mg含量超过8%（质量分数）的焊丝；对热裂倾向大的硬铝合金采用含5%Si（质量分数）的Al-Si焊丝。

2）选择有微合金化元素的焊丝。如果热裂敏感性很大，可以选择有Ti、Zr、V、B等微合金化元素的焊丝。在焊接过程中，这些微合金化元素能生成细小难熔质点可作为焊接熔池凝固结晶时的非自发形核核心，细化晶粒，改善塑性，显著改善抗裂性能。

3）选用合适的焊接规范。采用热能集中的焊接方法，有利于快速进行焊接，防止形成方向性强的粗大柱状晶，改善抗裂性；采用小电流施焊，减小熔池过热。增大焊速和增大电流都不利于抗裂，这主要是因为焊接速度增加会促使焊接接头的应变速率增加，从而增加热裂倾向。

问题24 钛合金焊接时的几个问题及焊接指导书示例

钛的热导率只有钢的1/6，弹性模量只有钢的1/2，因此在焊接时存在应力和变形。钛在高温时容易吸氢、吸氧、吸氮，使钛合金焊缝和热影响区部位受到污染而引起脆化和气孔。

1. 防止裂纹的措施

1）焊前对焊缝区进行保护清理，防止有害杂质污染。

2）严格控制层间温度。

3）保证熔合良好的情况下，采用低热输入施焊，即降低熔合比。

4）采用小直径焊丝、小焊接电流、窄焊道技术，快速焊。

5）焊丝端部不得移出保护区。

6）断弧及收尾时延长通氩气保护时间。

2. 防止焊接气孔的措施

钛及钛合金母材、焊材表面不干净，操作者手套上的水分、油脂，角磨机磨下的沙粒、飞尘等都是氢的来源，需要注意以下几个方面的管控：

1）用高纯氩气，导气管用增强塑料管，不能用橡胶管。

2）彻底清除母材和焊丝表面的氧化皮、油污等。

3）控制氩气的流量、流速，防止湍流，采用保护罩。

4）正确选择焊接工艺，增加焊缝熔池的停留时间，使气孔逸出。

5）小热输入焊接，最好采用脉冲氩弧焊，既可以改善接头塑性，减小过热和晶粒粗化，减小变形，又可增加熔深，减少气孔。

3. 钛及其合金焊接管理措施

1）焊接前清洗用的丙酮属于易燃品，且对人体有害。工作环境条件、安全措施必须由焊接技术人员进行检查同意后，方可使用。

2）施焊场地必须是专用的。由于焊接时散发的氩气浓度较大，因此在施焊中除了要有良好的通风条件外，还应采取相应措施，以保证安全。

3）焊接现场要注意6S（整理、整顿、清扫、清洁、素养和安全）工作，因为钛对污物很敏感，因此需要保持场地清洁干净。

4）由于钛材料比较软，在材料运输过程中要注意保护，应处处小心，避免表面的刮伤、压伤，防止外力挤压等原因造成变形损坏。切割加工时，尽量地多准备一些工装夹具，以保证材料不发生变形。

4. 钛合金焊接作业指导书示例

为了让大家了解钛合金焊接的具体过程，这里给出了一份《钛合金管焊接作业指导书》作为示例，序号以英文大写字母F开始，仅供参考。

F.1　范围

本作业指导书规定了钛管焊接的焊前准备、人员、工艺要求、工艺过程和检验。

本作业指导书适用于某公司钛管焊接及某项目钛管的焊接。

F.2　引用文件

ISO 15614-5

ASTM B861

ASTM B381

AWS G2.4/G2.4M

ISO 5817

F.3　焊前准备

F.3.1　焊接方法

钛管采用GTAW（钨极氩弧焊）焊接。

F.3.2　材料

（1）钛管

1）钛管材料为 UNS R50400。

2）钛材料比较贵重，在材料运输过程中要注意保护，防止外力挤压等原因造成管子破损。

3）在切割下料时，应采取合适的工装夹具，避免管口变形。如果切割下料后，管子有变形，应采用扩口器等工具修复，修复时应避免破坏已加工的坡口。

4）焊前应做好追溯标识。

（2）焊材

1）氩弧焊焊丝：钛管焊接用 BOEHLER ER Ti 2-1G（AWS A5.16 ERTi-2，UNS R50120，ϕ2.0mm）。焊丝使用前应（按焊材控制程序要求）做好色带标识。

2）气体：纯氩 Ar（纯度≥99.999%）。

3）喷嘴口径：根据所焊接管径大小选取。

4）钨棒：ϕ1.6～ϕ3.2mm，铈钨极（钍钨极中的钍元素具有放射性）。

5）钨极直径：钨棒的尖端直径如图 F.1 所示。

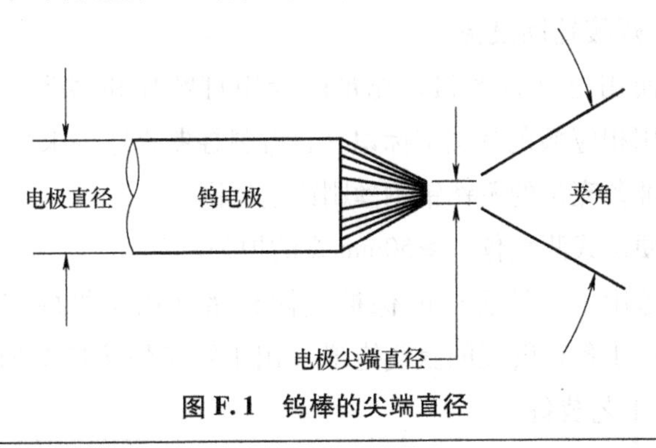

图 F.1　钨棒的尖端直径

F.3.3　焊接设备

（1）使用直流非熔化极脉冲氩弧焊机

1）具有预先通气，预热电弧，电流衰减和滞后通气各种功能。

2）采用 DCEN（直流正极性，工件接正极，焊枪接负极）进行焊接。

3）使用的焊机及其上的仪器和仪表应经检定合格，并在有效期内，焊机状态良好。

4）气瓶上的气压表量程合适，并经检定合格。

5）流量计没有损坏。

（2）焊枪检查

检查焊枪是否完好（漏气易导致产生焊接气孔），配件是否齐全。焊枪配件如图 F.2 所示。

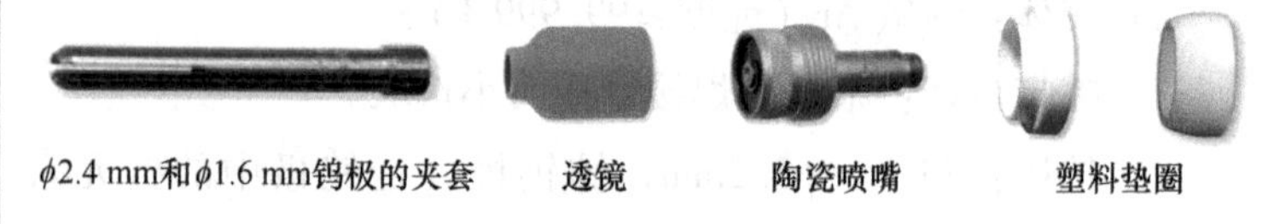

ϕ2.4 mm和ϕ1.6 mm钨极的夹套　透镜　陶瓷喷嘴　塑料垫圈

图 F.2　焊枪配件

（3）焊接辅助设备

1）使用电动打磨机；充足的专用打磨片和磨头（砂皮头），使用相应颜色及文字标识（按焊材控制程序要求）。

2）准备充足的不锈钢钢丝刷或铜丝刷。

3）便携式测氧仪；≥50mm 宽的护条。

4）适用于各种管径的保护气体封堵（用于管内气体保护），适用于各种管径的氩气拖罩（用于管子焊接接头的外部气体保护工艺装备）。

5）丙酮或酒精等去污剂。

6）每天上下班，做好整理和检查工作。

（4）气体检查

检查气瓶的瓶压，当瓶压低于 0.5MPa 时，严禁使用。使用时对所有气路进行检查，避免漏气情况的发生。

F.3.4　坡口准备及管子组对

（1）坡口的加工应符合采用的焊接工艺程序（welding procedure specification，WPS）和相关设计图样中的坡口尺寸要求。坡口采用 V 形，钝边 0~1mm，角度 60°±5°，坡口加工采用机械加工方法，相贯线用等离子切割后，用不锈钢砂轮磨出坡口，坡口尺寸及接头形式见表 F.1。

表 F.1　坡口尺寸及接头形式

接头名称	接头形式及坡口尺寸
管-管对接	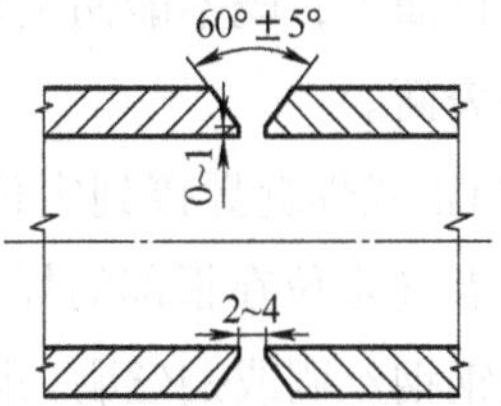 60°±5° 0~1 2~4
管-法兰对接	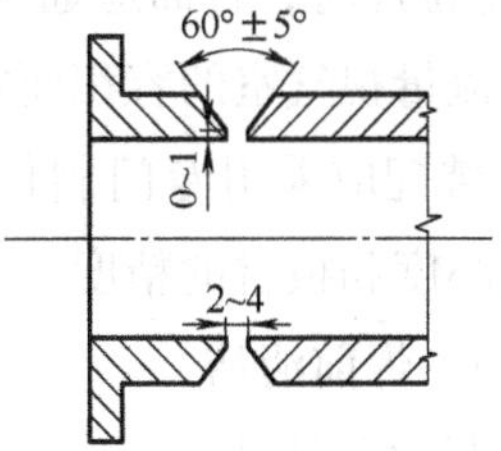 60°±5° 0~1 2~4

（续）

接 头 名 称	接头形式及坡口尺寸
管支管焊接	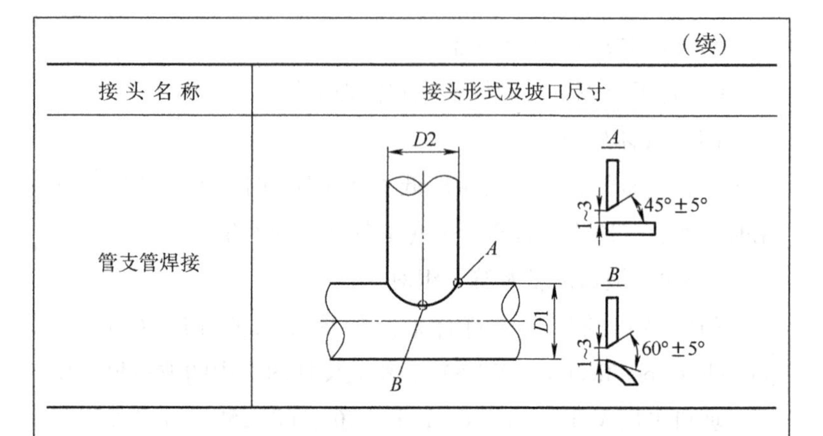

（2）坡口的定位焊

1）定位焊采用 WPS 中的第一层焊接规范参数，定位点对称分布。

2）定位点应为桥式连接或加同材质的楔形块定位，定位点位于坡口面上，既不能伤及坡口根部，也不能伤及管子坡口外的母材表面。

3）当正式焊缝焊接到定位焊焊缝处时，用砂轮磨掉该处的定位焊点（定位在根部的焊点除外），定位焊区域的氧化膜要用不锈钢钢丝刷或铜丝刷去除。

4）定位焊时，背面应通氩气进行保护（管子内部和板材充氩气的流量视气室的容积而定）。

（3）装配应采用专门制作、检验过的工装夹具，保证管对接的同心度和板材的精度。

F. 3. 5　焊前清洁

（1）母材的清洁

1）只能采用机械加工方法对钛管进行裁断和端面加工，然后用准备好的专用的打磨片和（或）砂皮头打磨修整坡口端面及距离坡口边缘 25mm 范围内的管子内表面和板材外表面（打磨时用力要轻，以免局部温度升高而致表面氧化），去除坡口两侧的飞边和氧化物及油、漆、污垢、锈等杂质，直至露出金属光泽，然后用丙酮/酒精进行脱脂，清洗干净，并用干净的棉布擦拭干净。

2）把清洗好的管子和板材两端包装封好，装配之前不能污染。

3）装配好后，用纸胶带将坡口封好直至正式焊接前，防止由于装配报检时间较长造成清理好的坡口被污染。

4）规范要求的接头清洁程度是：一尘不染。

（2）焊丝的清洁　焊丝应放在专用的干净盒子中，每根焊丝在焊前都要用丙酮或酒精进行清洁、晾干。重新引弧前应采用非铁质钳子去除焊丝端部的氧化部位。

（3）焊工着装的清洁　焊工应身着干净的工作服及工作鞋，戴干净的焊工手套（手套上不得有油污等，每次焊接前使用新领的手套）。

F. 3. 6　装焊工作场所要求

1）钛管和板材应尽可能在车间内场进行装配焊接。

2）作业区内应做好防风和防雨措施。

3）要保证废气的排出。

4）装配和焊接应在专用区域进行，此区域内不得摆放铁基材料及进行这些材料的焊接。

5）所有的吊索具及工作平台等的工作面都应是不锈钢材质或经过表面镀铜处理。

6）地面可以铺橡胶或木质地板。

7）工作区域内应做好防尘措施。

8）正式焊接开始之前，对焊接条件（包括场地）进行确认。

F.4　人员

1）凡从事该材料焊接的焊工，必须经过培训、考试合格并经认可。

2）管子和板材的切割下料，也由经过公司培训的工人进行。

F.5　工艺要求

严格按照规范要求批准的相关的 WPS 及本作业指导书的要求进行装配及焊接。

F.6　工艺过程

F.6.1　焊接

1）焊接前，先用铝箔或纸胶带或其他合适的方法把所有管子和板材两端和坡口堵住（对较长管子可采用海绵、可溶纸等做成堵板，在焊缝的两侧造成一个气室），管子一端充氩气，另一端开一个 $\phi4\sim\phi7$mm 的小气孔，当管内氧的含量<0.005%时（用测氧仪测量），才可进行焊接。充氩气时，进气管应设置在较出气孔低的位置。钛在焊接时背面应进行全程气体保护。

2）如果坡口面采用铝箔胶带密封，焊接时，先撕开坡口面上的铝箔胶带，撕开长约 30~40mm，焊一段后，再撕开一段。不得将坡口面上的铝箔胶带全部撕完后再焊。焊接过程中，必须始终对管内和板材充氩气保护。而且每次在准备焊接前，都要等一会，要进行管内氧含量的测定，确保每次焊接前，管内氧含量<0.005%。

3）钛材料受热后极易氧化，因此，焊接时要保证填充焊丝端点应始终处于氩气保护中。在重新焊接前，应将焊丝端头的氧化部位剪去。

4）焊接过程中的引弧和熄弧必须在坡口内进行，不得在管壁表面任意引弧、熄弧。在每道焊缝末端，应借助焊机上的电流衰减功能，逐渐减小焊接电流，从而使熔池逐渐变小。熄弧后，焊枪中的氩气在收弧处延迟 3~5s 停气，直至熔池冷凝。尾部保护气罩在熄弧点进行保护，直到该处的温度降至 200℃以下（8~10s）。如果焊缝金属在热的条件下从氩气保护中意外脱离，在焊接重新开始前，氧化点必须被清除。

5）焊接时，应按照 WPS 中的要求来控制层间温度，现场要配备测温笔或测温枪。

F. 6. 2　各种位置管子和板材对接的焊接方法

1）对于水平转动管子的对接，引弧可选在垂直位置与焊接方向相反的 10°~20°区域内（即 1~2 点钟位置）。

2）对于水平固定管子的对接，引弧应选在仰焊前方或后方约 10mm 处（顺时针焊接，引弧点在约 5 点钟位置。逆时针焊接，引弧点在约 7 点钟位置）。

3）对于非直管对接或无法水平转动对接的板材，焊接时由两侧分别向上施焊，然后翻转 180°，同样再由两侧分别向上施焊（最好分成四段焊接，此时就不必翻转）。

4）焊接时注意电极和工件表面的夹角，建议采用电极不摆动焊接（此方法需焊前培训），焊枪与工件呈 80°~90°，焊丝与工件呈 10°~15°（这样操作能使氩气保护的效果更佳）。

5）垂直固定焊时，当电流选择合适时，自始至终可保持焊接电流不变。

6）水平固定焊时，如果工件较薄，应从仰焊开始，当焊接至平焊的位置时，随着工件温度的升高应适当减小焊接电流，避免平焊背面形成过多的焊瘤。焊到最后一点间隙时（此时应检验间隙的大小，注意根部熔透），应适当调小管内和板材氩气的流量，以免气体顶着熔化的焊缝金属，造成根部凹陷。

F.7 焊缝检验

F.7.1 焊缝正面和背面的余高不低于母材，外观要符合 ISO 5817 中相应级别的外观检验要求。焊缝外观如图 F.3 所示。

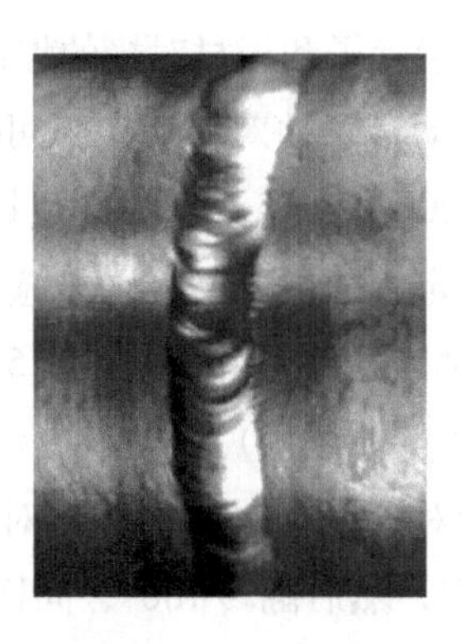

图 F.3 焊缝外观

F.7.2 焊缝表面颜色检验。焊缝表面颜色示例如图 F.4 所示，焊缝颜色说明见表 F.2。

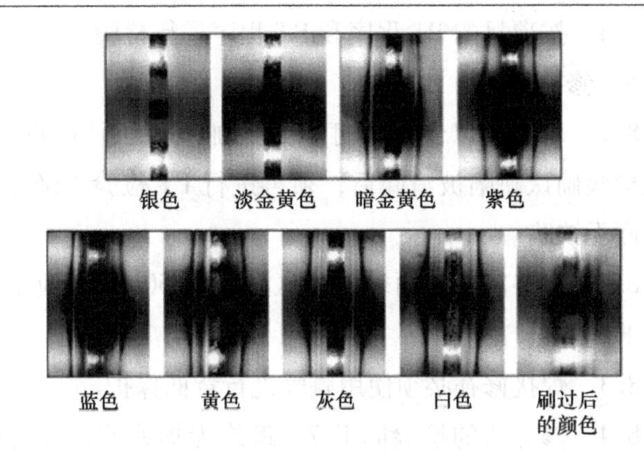

图 F.4　焊缝表面颜色示例

表 F.2　焊缝颜色说明

颜　　色	说　　明	措　　施
银色	保护充分	—
淡金黄色到暗金黄色	可以接受的，轻微的表面氧化或者污染	充分保护，刷掉表面氧化膜
紫色	不可接受，中度表面污染	充分保护，打磨掉该焊道
深蓝色到淡蓝色	不可接受，严重氧化污染	去除该焊道
黄色、灰色、白色	不可接受，十分严重的氧化污染	去除该焊道，并去除焊道下 1/32in（0.8mm）~1/4in（6mm）的材料

F.7.3　焊接结束后，应根据相应的要求对管子进行压力试验。

F. 7. 4　按项目的 PT 程序和 RT 程序进行检验。

F. 8　修补

F. 8. 1　对于可以仅采用打磨或机加工方法清除的缺陷，经外观检验确认缺陷被清除后，须再进行 PT 检验以确保修补区域表面无缺陷。

F. 8. 2　修补区域的两端邻近区域至少 50mm 宽应予以清洁，同 F. 3. 5（1）。

F. 8. 3　焊接修补必须使用氩气进行背面保护。

F. 8. 4　修补后的检验同 F. 7。最终无损检测应在焊接返修冷却到室温后进行，且应包括修补长度加两端 50mm 未涉及的焊缝金属。

F. 8. 5　焊接修补只允许 1 次，修补后仍不合格的该焊接接头作废。重新准备坡口时，应将原焊缝金属及 HAZ（热影响区）彻底清除。

第5章 埋弧焊中的问题及对策

埋弧焊的生产效率高，焊缝质量好，劳动强度低，适合于钢、镍基合金、铜合金等金属材料的较厚板材的长焊缝、规则焊缝的焊接，因此在焊接制造生产中受到广泛的应用。与焊条电弧焊、CO_2 气体保护焊和氩弧焊等焊接方法相比，埋弧焊的电弧被焊剂覆盖，电弧不可见，因此得名。除此之外，焊剂熔化后对焊接熔池形成渣气联合保护，可以防止焊缝金属被氧化、氮化、合金元素烧损和挥发，使电弧稳定，还可以参与脱氧及渗合金的作用。

埋弧焊有诸多优点，但是如果在焊接生产中对于工艺细节不注意的话，也容易出现焊接缺陷。比如，要注意焊剂的烘干，选择合适的接头形式和坡口，以免产生气孔和冷裂纹；注意焊剂、母材及焊丝的洁净度，尤其是 C、S、P 的含量要严格控制，以及合适的焊缝成形系数（焊缝宽深比），从而避免出现热裂纹；选择合适的焊接热输入以免造成未熔合、咬边和夹渣等工艺缺陷。

问题25 碳钢和低合金钢埋弧焊焊缝裂纹成因及对策

1. 问题描述

埋弧焊是制造企业广泛使用的一种生产率较高的机械化焊接

方法。在碳钢和低合金钢的埋弧焊过程中，往往在焊接应力和其他致脆因素共同作用下，出现冷裂纹缺陷，使焊接接头中局部区域的完整性遭到破坏。另外，过大的焊接热输入会造成焊接接头过热，诱发热裂纹；如果热输入过小，焊件冷却速度快，增加了母材热影响区的淬硬倾向，可能会诱发冷裂纹。

2. 问题分析

热裂纹是指在焊接过程中，焊缝金属和母材热影响区冷却到固态高温区产生的焊接裂纹，其特点是焊后立即可见，且多发生在焊缝中心，沿焊缝长度方向分布。

产生热裂纹的主要原因是焊接熔池中存在较多的低熔点组元和杂质元素，由于其熔点低，在焊接熔池凝固结束之前仍旧以液膜的形式存在，在已经凝固的焊缝金属冷却收缩力和母材所在区域不均匀加热和冷却产生的热应力、组织相变应力以及拘束应力等多重应力作用下，这些共晶液膜就会被拉开，或凝固后不久被拉开，造成晶间开裂，形成热裂纹。

冷裂纹一般指焊接接头冷却到较低温度时所产生的裂纹，其特点是焊后可能立即出现，也可能延迟几小时、几天甚至更长时间才出现，通常由母材的热影响区开始启裂，然后扩展至焊缝金属中。

产生冷裂纹的主要原因是钢中的淬硬组织，在氢和焊接残余应力的作用下启裂形成的。焊接时，在焊接热循环作用下，母材的热影响区中生成了淬硬组织（对于碳钢和低合金钢来说就是马氏体），在焊接熔池中因高温溶解了大量的氢气，这些氢气在熔池凝固过程中通过扩散进入母材的热影响区中，如果接头承受有较大的拘束应力即可在碳钢或者低合金钢的热影响区中形成冷裂纹。冷裂纹的外观特征是垂直于熔合线或焊缝轴线的横向裂纹，具有发亮的金属光泽，在扫描电镜下观察断口面，常常可以见到晶间断裂或者穿晶断裂，或两者都有的混合型断裂。

3. 对策

(1) 热裂纹的防止　防止产生热裂纹的主要措施是选择合适的焊接材料，无论是母材还是焊接材料，都必须有质量合格证书，尤其是要控制焊剂的S、P杂质含量；采用合适的焊接参数，严格遵守工艺规程；采用引弧板和引出板；适当提高焊缝成形系数，尽可能采用小电流多层多道焊，以避免焊缝中心产生裂纹；选取合理的焊接顺序，以减少焊接应力。

(2) 冷裂纹的防止　防止产生冷裂纹的主要措施是选用低氢型焊剂，减少焊缝中扩散氢的含量；严格遵守焊剂的保管、烘干和使用制度，谨防受潮；仔细清理坡口边缘的油污、水分和锈迹，减少氢的来源；根据材料等级、碳含量、构件厚度、施焊环境等，选择合理的焊接参数和采用合适的焊接工艺措施，改善焊件的应力状态，降低扩散氢含量，避免热影响区过热、晶粒粗大所造成的接头脆化现象。还可以采取预热、层间温度控制（增加 $t_{8/5}$，避免形成马氏体）、后热（让氢逸出接头）以及焊后热处理（减小焊接残余应力）等工艺措施，这些工艺措施从氢、淬硬组织和应力三个方面来降低埋弧焊接头的冷裂敏感性，从而增加抗冷裂性。

(3) 焊接裂纹的返修　焊接裂纹是焊接接头中最危险的焊接缺陷，结构破坏多从裂纹处开始，一经发现，应立即查明原因，彻底清除，然后给予修补。当焊缝中的裂纹长度不超过20mm，深度不超过5mm，可用碳弧气刨剔除裂纹，在确认裂纹已清除干净后，再进行焊接修补；当裂纹长度超过以上尺寸时，首先应在裂纹两端点用钻头或气刨打上止延孔，防止裂纹延伸，然后用碳弧气刨逐层刨去裂纹，再用渗透检测来检查裂纹是否已全部清除。证实裂纹已全部清除后再进行补焊，补焊时严格控制焊接参数，收弧时填满弧坑。

问题 26　埋弧焊时引弧板和引出板如何进行合理安装？

船体结构的对接接头焊接时，无论是手工焊接，还是半自动焊接以及自动焊接，对所使用的引弧板和引出板要明确使用的规格和使用的范围，从而保证施工的焊接质量。

1. 引弧板和引出板安装

在埋弧焊时，整条焊缝的起始端及结束端很容易出现焊接缺陷，为了避免焊缝端部缺陷，要求引弧板和引出板与焊缝端部连接处的焊缝在焊前需要预留适当反变形。

引弧板和引出板与焊缝端部连接的焊缝，可以采用药芯焊丝（FCAW）实施特定的焊接。为了使熔池保持水平，引弧板上表面与母材本体保持在同一水平，尽量减少引弧板与母材的弯度，建议根据板厚的不同预留 1°~3°反变形后再进行焊接。

2. 根据板厚安装引弧板和引出板

（1）母材板厚 $t \leqslant 16$mm，I 形坡口

1）母材焊缝端部边缘无坡口（I 形）：引弧板和引出板开V形坡口与焊缝端部焊接，引弧板和引出板与焊缝端部连接焊道长度>100mm。引弧板和引出板安装如图 5-1 和图 5-2 所示。

2）母材焊缝端部边缘有坡口（V形，开口向上）：引弧

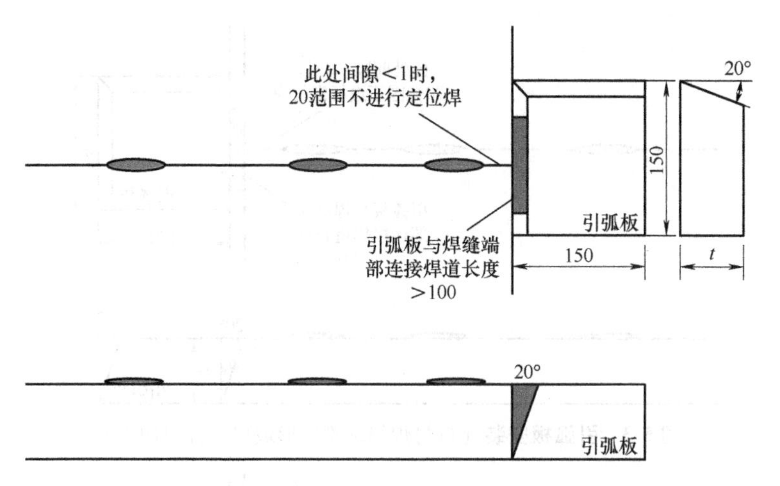

图 5-1　引弧板安装（母材焊缝端部无坡口）

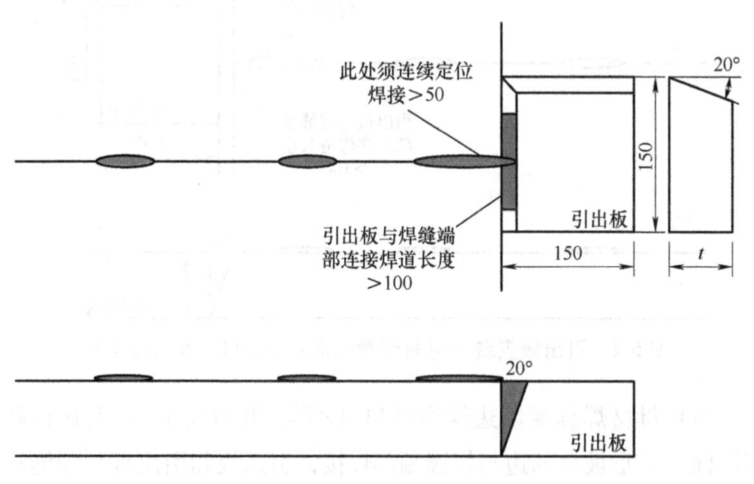

图 5-2　引出板安装（母材焊缝端部无坡口）

板和引出板不开坡口（I 形）的边与焊缝端部焊接，引弧板和引出板与焊缝端部连接焊道长度>100mm。引弧板和引出板安装如图 5-3 和图 5-4 所示。

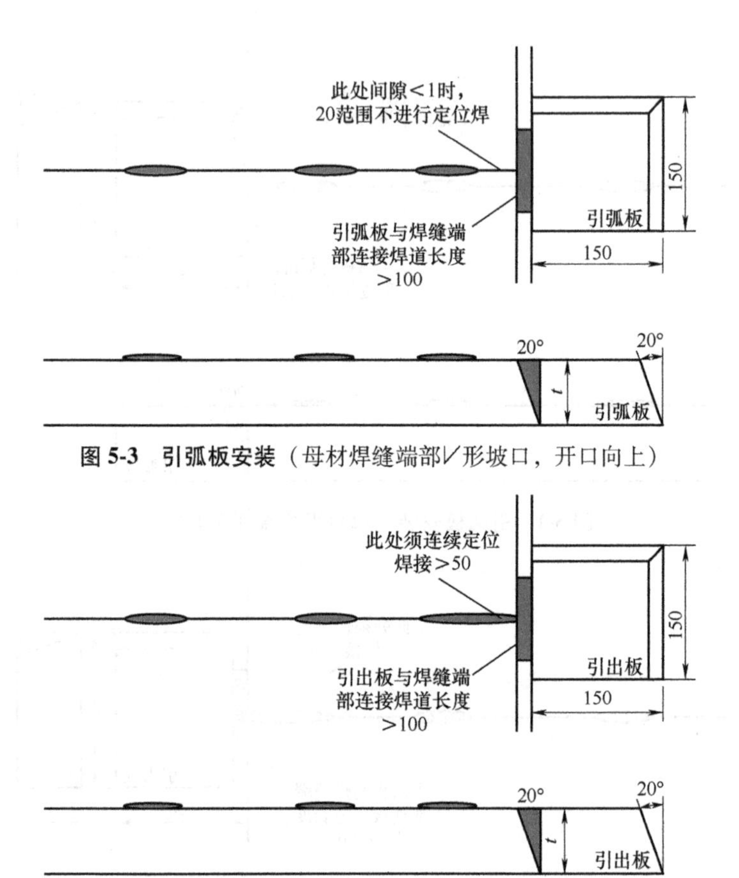

图 5-3　引弧板安装（母材焊缝端部V形坡口，开口向上）

图 5-4　引出板安装（母材焊缝端部V形坡口，开口向上）

3）母材焊缝端部边缘有坡口（V形，开口向下）：引弧板和引出板开V形坡口的边与焊缝端部焊接，引弧板和引出板与焊缝端部连接的焊道长度>100mm。引弧板和引出板安装如图 5-5 所示。

当板端部长度误差>1. 5mm 时，引弧板和引出板与焊缝端部连接处需要用碳刨刨至约板厚的 1/2 处再采用 FCAW 焊接，碳刨长度>50mm，焊道长度>100mm。引弧板和引出板的安装如图 5-6 所示。

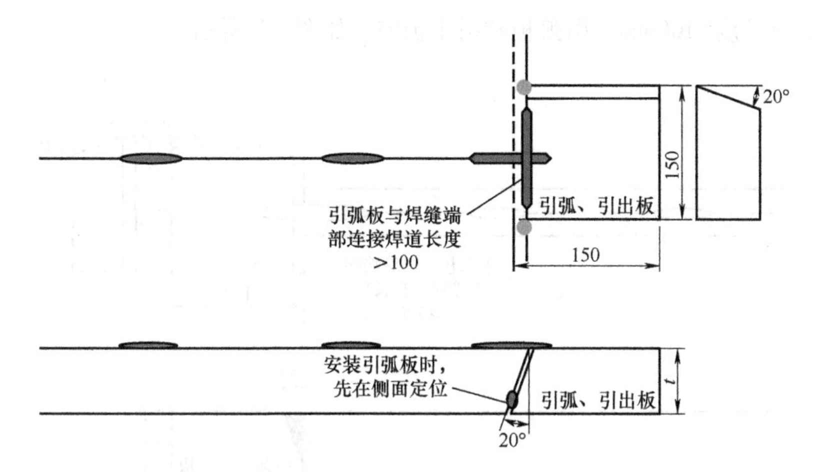

图 5-5　引弧板和引出板安装（母材焊缝端部V形坡口，开口向下）

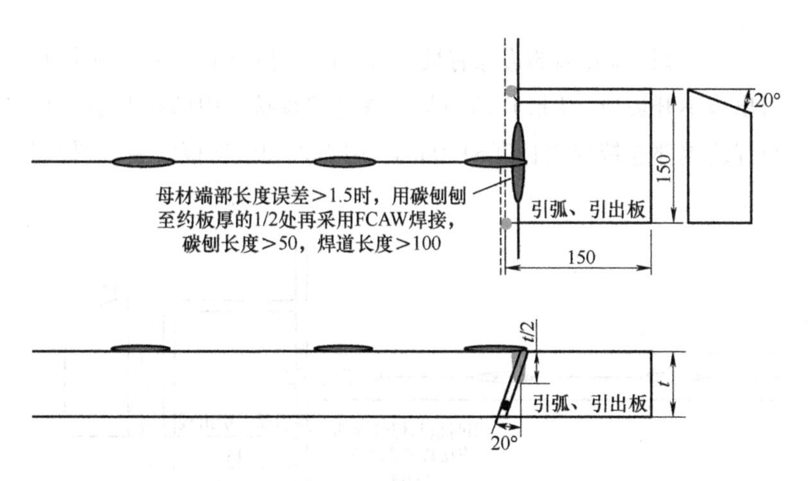

图 5-6　引弧板和引出板安装（母材焊缝端部长度误差>1.5mm）

（2）母材板厚 16<(t)≤22mm，开 Y 形坡口

1）母材焊缝端部边缘无坡口（I 形）：引弧板和引出板开V形坡口的边与焊缝端部焊接，引弧板和引出板与焊缝端部连接焊

道长度>100mm。引弧板和引出板安装如图 5-7 所示。

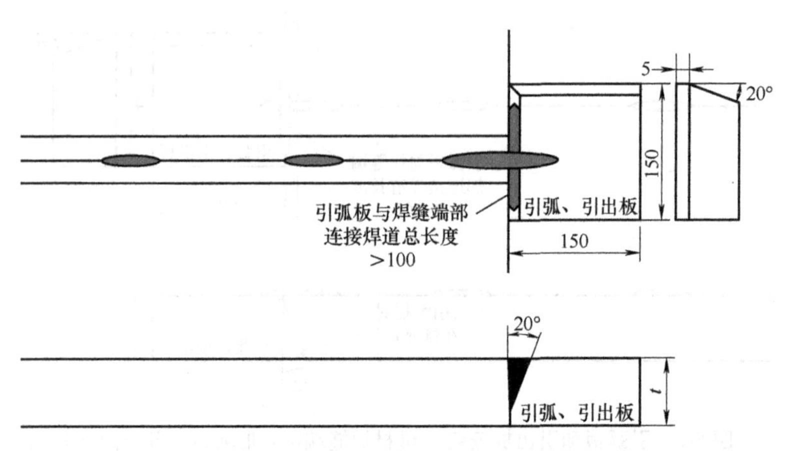

图 5-7　引弧板和引出板安装（母材焊缝端部无坡口）

2）母材焊缝端部边缘有坡口（V形，开口向上）：引弧板和引出板不开坡口（I 形）的边与焊缝端部焊接，引弧板和引出板与焊缝端部连接焊道长度>100mm。引弧板和引出板安装如图 5-8 所示。

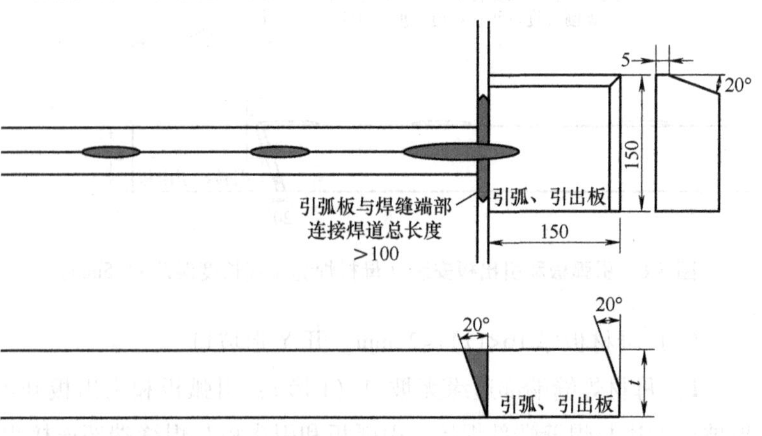

图 5-8　引弧板和引出板安装（母材焊缝端部V形坡口，开口向上）

3）母材焊缝端部边缘有坡口（⩗形，开口向下）：引弧板和引出板开⩗形坡口的边与焊缝端部焊接，引弧板和引出板与焊缝端部连接焊道长度>100mm。引弧板和引出板安装如图 5-9 所示。

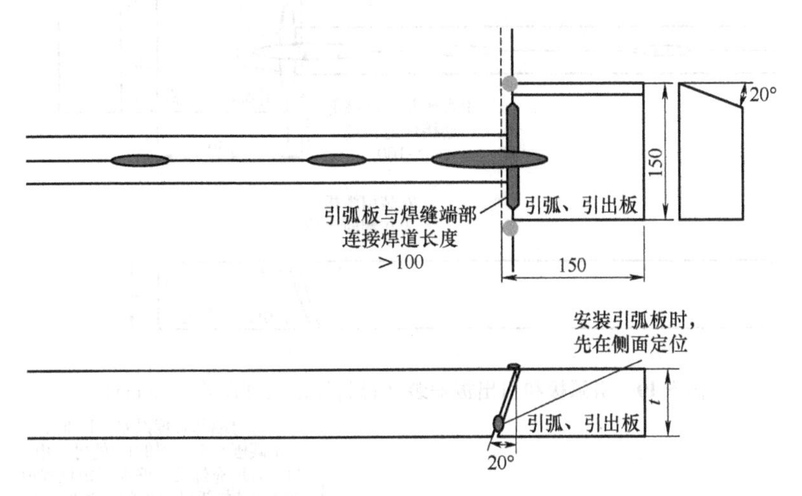

图 5-9　引弧板和引出板安装（母材端部⩗形坡口，开口向下）

当母材端部长度误差>1. 5mm 时，引弧板和引出板与焊缝端部连接处需要用碳刨刨至约板厚的 1/2 处再采用 FCAW 焊接，碳刨长度>50mm，焊道长度>100mm。引弧板和引出板安装如图 5-10 所示。

（3）母材板厚 22<(t)≤50mm，开 X 形坡口

1）母材焊缝端部边缘无坡口（I 形）：引弧板和引出板不开坡口（I 形）的边与焊缝端部焊接，引弧板和引出板与焊缝端部连接焊道长度>100mm。引弧板和引出板安装如图 5-11 所示。

2）母材焊缝端部边缘有坡口（⩗形，开口向上）：引弧板开⩗形（开口向下）坡口的边与焊缝端部焊接，引弧板与焊缝端部连接焊道长度>100mm。引弧板和引出板安装如图 5-12 所示。

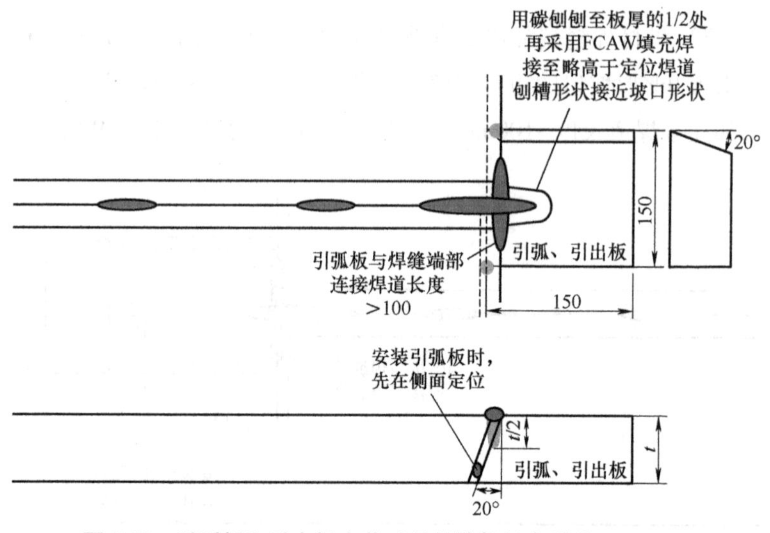

图 5-10 引弧板和引出板安装（母材端部长度误差>1. 5mm）

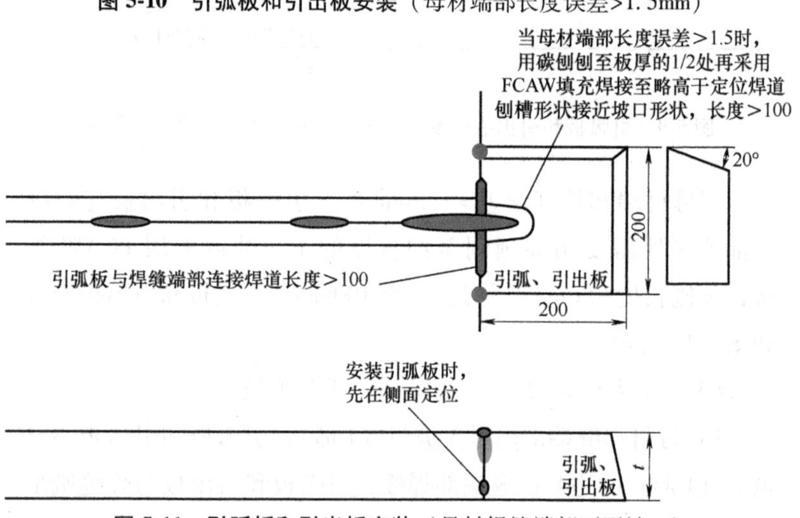

图 5-11 引弧板和引出板安装（母材焊缝端部不开坡口）

3）母材焊缝端部边缘有坡口（⩗形，开口向下）：引弧板开⩗形坡口的边与焊缝端部焊接，引弧板与焊缝端部连接焊道长度>100mm。引弧板和引出板安装如图 5-13 所示。

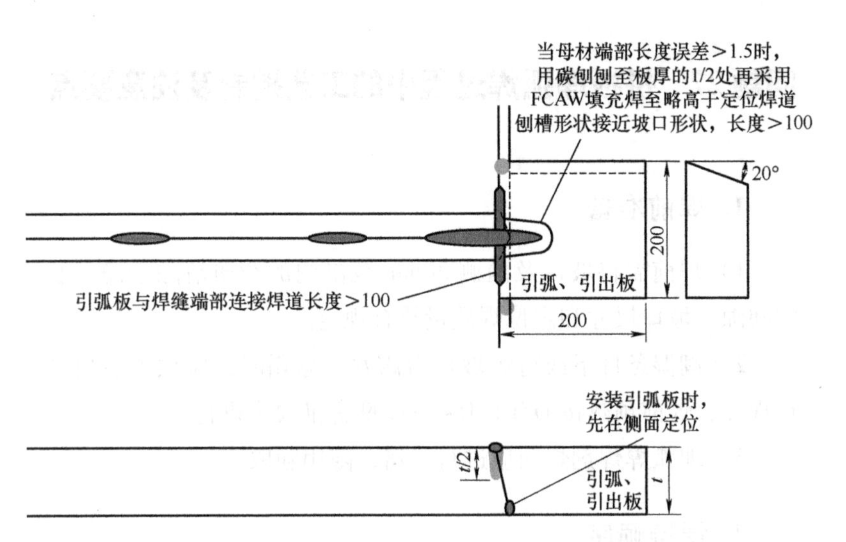

图 5-12　引弧板和引出板安装（母材焊缝端部V形坡口，开口向上）

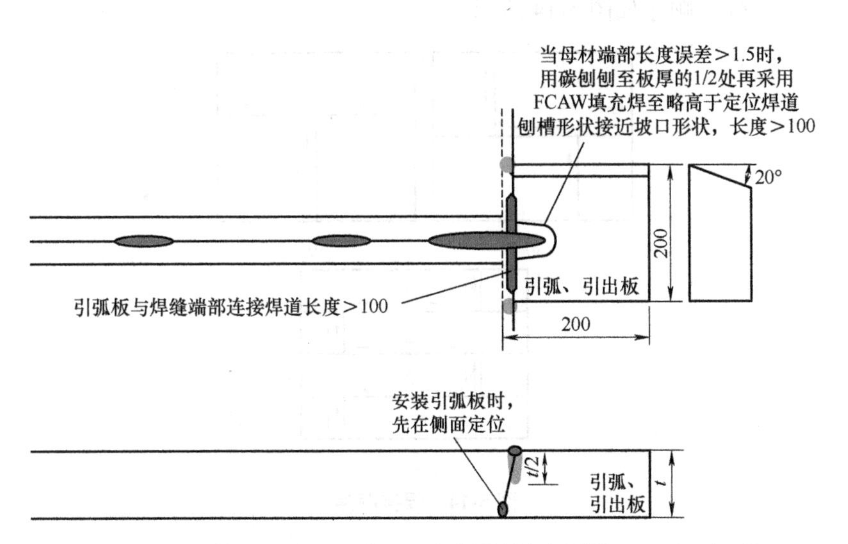

图 5-13　引弧板和引出板安装（母材焊缝端部V形坡口，开口向下）

问题 27　拼板埋弧焊过程中的工艺控制及注意要点

1. 焊前准备

1）焊前需将坡口及两侧 30mm 范围内的杂质清除干净，装配间隙、坡口尺寸和定位焊质量符合规定。

2）潮湿条件下或待焊坡口有露水、冰霜时，应烘干后再进行焊接，焊前预热按 Q/DL 164—1999 标准要求进行。

3）埋弧焊焊剂焊前应进行烘焙，随用随取。

2. 焊接顺序

焊接顺序如图 5-14 所示。

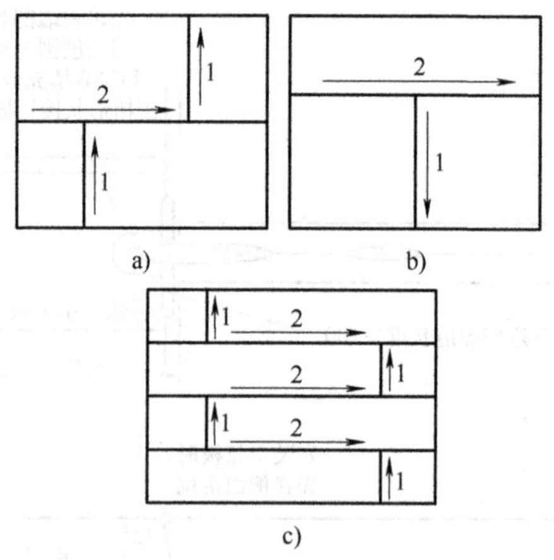

图 5-14　焊接顺序

3. 焊接参数

焊接参数见表 5-1。

表 5-1 焊接参数

板厚 /mm	坡口形式	焊丝直径 /mm	焊接电流 /A	电弧电压 /V
7~13	t	5.0	850~950	35~39
13~36	50° t 6	5.0	650~850	38~42

4. 注意要点

1）当板厚差>3mm 时，削斜长度大于 4 倍板厚差；削斜面在后焊侧。

2）装配间隙：板厚 6~9mm 时为 0~0.5mm；板厚 10mm 以上时为 0~1mm。

3）焊缝端部焊接前应设有工艺板。

4）对超标的焊缝，应采用焊条电弧焊或 CO_2 气体保护焊修补。

第 6 章

设备与母材等相关问题

本章主要介绍现场焊接问题中涉及的设备与母材和其他相关的问题，主要包括设备方面的机械问题、电气问题，碳钢与低合金高强度钢的差异，角焊缝测量尺的使用，喷砂和打磨，以及焊后对焊缝进行修饰等。

问题 28 GMAW 和 FCAW 焊接过程中存在的机械问题与对策

在焊接生产施工现场进行气保护焊（GMAW）、药芯焊丝焊（FCAW）时，经常会遇到送丝不畅、工件烧穿、接头发生严重氧化、焊枪发热以及焊丝打结和卷曲，或者送丝、送气系统的机械问题等。这里根据焊接现场出现的问题予以分类，对每类问题产生的原因进行分析，并给出相应的对策，详细情况见表 6-1。

表 6-1 GMAW 和 FCAW 焊接中存在的机械问题与对策

现场存在的问题	产生的原因分析	对策
送丝不均匀及烧穿	送丝滚轮压力不足 焊嘴堵塞或者损坏 焊丝打结 焊枪送丝管缠绕 导管衬垫太脏或者损坏 送丝软管太长	调节送丝滚轮压力 清洁或者更换焊嘴 去除打结部分更换线轴 停止送丝装置，捋直焊枪送丝管 清洁或更换导管衬垫 截短或者用自动伸缩系统缩短送丝软管

（续）

现场存在的问题	产生的原因分析	对　策
焊丝在送丝滚轮和软管进口处发生卷曲或打结	送丝滚轮压力过大 衬垫或者导嘴不匹配 送丝滚轮和导丝装置不在一条线上 焊枪送丝管打结或堵塞	调节送丝滚轮压力 使用与焊丝尺寸一致的衬垫或导嘴 检查并正确调整 停止送丝装置，捋直焊枪送丝管，去除堵塞
接头严重氧化	空气或水渗入送丝管中 保护气体流动受限	必须检查漏点并修理，或更换焊枪或送丝管 检查清洁焊枪嘴
在焊接中停止送丝	送丝滚轮压力过大或者不足 送丝滚轮方向偏离或者损坏 衬垫或软管堵塞	调节送丝滚轮压力 重新对接或者更换送丝滚轮 清洁或更换衬垫或者软管
送丝时没有保护气流入	气瓶内气体不足甚至没气 气瓶阀门关闭 气体计量表未调整 气管或焊枪口被堵塞	焊接前更换气瓶，确保气瓶满气 打开气瓶阀门 按照制定的调整程序调整气体流量 检查并清理气管或者焊枪口
焊接中出现气孔	电磁气阀失灵 气瓶阀门关闭 保护气体流量不足 气管泄漏（包括焊枪）	修复或者更换电磁气阀 打开气瓶阀门 检查受限气管或喷嘴并予以纠正 查找泄漏并修复（特别注意连接处）
送丝器起动，但是焊丝并未伸出	送丝滚轮压力不足 送丝滚轮不匹配 引线卷轴的制动压力过大 焊枪与软管不匹配 软管与导丝接头不匹配	调节送丝滚轮压力 使用尺寸型号一致的送丝滚轮 减小引线卷轴的制动压力 检查接头垫片，清理或者更换焊枪或者软管 检查更换合适尺寸软管或者导丝接头

（续）

现场存在的问题	产生的原因分析	对策
焊枪发热	冷却管受挤压或者堵塞 冷却液低于泵以下 水泵不能正常工作	检查修正冷却管 按照要求检查添加冷却液 检查并修理或者更换水泵

问题 29　如何用角焊缝尺测量焊缝尺寸？

1. 尺寸的测量

外观检查中很重要的一个方面就是焊接结构装配的尺寸测量。在制造图样中给出了一个包括不同构件在长度、厚度、直径等方面的要求，检验员必须测量每一个指定尺寸，同时检查其是否符合要求。通常极限偏差被标注成最大值和最小值，或者是一个尺寸范围例如“38100~44450mm”，如果极限偏差未标出，检验员应该要求相关人员说明情况。

2. 尺寸缺陷

（1）不正确的接头准备

1）在焊接开始前，依照外观检验要求检查出不正确的接头，包括焊接面或坡口尺寸的内部尺寸偏差，母材未对准及焊接接头组对条件不符合要求等。

2）焊接接头准备要求包括：检查去除接头中的水污、油漆等。

3）部分熔透焊接接头的装配，在焊接前目视检查时要确保正确的焊喉尺寸。

（2）不正确的焊缝尺寸

1）依照外观检验不正确的焊缝尺寸，包括：角焊缝的焊脚太小及坡口焊接中焊喉未填满。

2）填角焊缝尺寸需要通过角焊缝尺的测量来确定。

（3）最终尺寸错误　依照外观检验，最终尺寸误差包括所有的尺寸错误、变形，以及与设计要求不符等。

3. 角焊缝的测量

1）放置在垂直靠近焊缝的边缘位置，如图 6-1 所示。

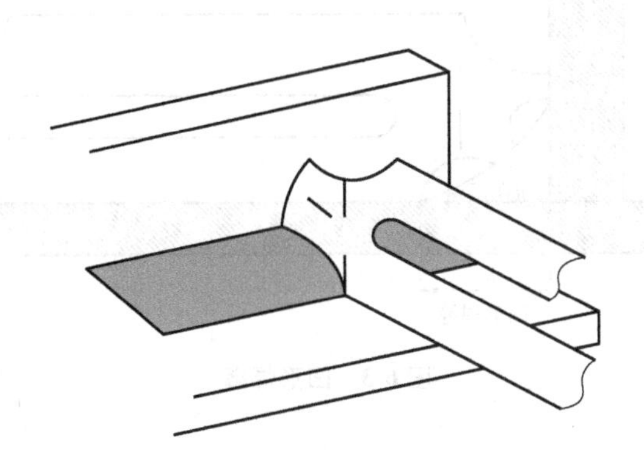

图 6-1　放置在垂直靠近焊缝的边缘位置

2）凸形焊缝测量：选用一个正确尺寸的有单弧的一边；凹形焊缝测量：用一个正确尺寸的有两个弧的一边。凸形焊缝和凹形焊缝分别如图 6-2 和图 6-3 所示。

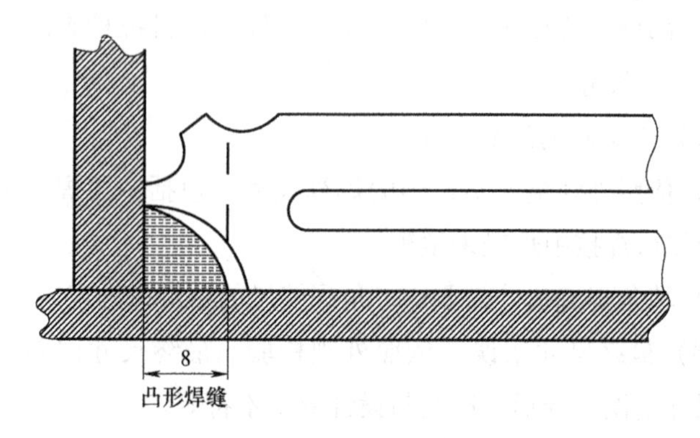

图 6-2 凸形焊缝

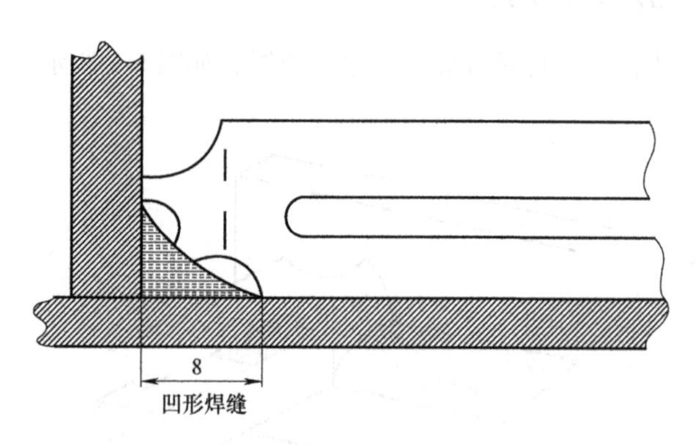

图 6-3 凹形焊缝

问题 30 焊接施工中喷砂能否代替打磨?

喷砂和打磨是完全不同的两个概念，喷砂是为了使工件的表面获得一定的清洁度和不同的粗糙度。打磨是为了把表面一些污垢和氧化夹杂去除，例如，去除工件表面的氧化层、钝化膜、铁锈甚至是焊接缺陷等，都可以通过打磨来去除。喷砂和打磨在工艺上和效果上都不一样，所以两者不能互相代替。

1. 喷砂和打磨工艺不同

（1）喷砂　喷砂法除锈是以压缩空气为动力形成高速喷射束，将喷料（铜矿砂、石英砂、金刚砂、铁砂和海砂）高速喷射到需要处理的工件表面。把一定粒度的砂子通过喷枪喷在零件锈蚀的表面上，不仅除锈快，还可为涂装、喷涂、电镀等工艺做好表面准备。经喷砂处理的表面可达到干净的、有一定粗糙度的表面，从而提高钢板表面的覆盖层与零件表面的结合力，使工件表面的外表或形状发生变化。喷砂时，喷嘴到钢材表面的距离以 100~300mm 为宜，喷砂前对非喷砂部位应做好保护，同时压缩空气阀门要缓慢打开，气压不允许超过 0.8MPa。

（2）打磨　打磨是通过使用打磨工具除去工件表面层附着物，从而使工件获得所需要的形状或表面粗糙度。打磨分电动打磨和气动打磨，打磨工具分为砂轮机、角磨机、打磨钢丝刷和砂轮片等。针对不同的打磨部位，打磨可分为：

1）打磨修整：将焊缝局部不规则处打磨消除。

2）全部打磨：从一侧（或两侧）打磨整个焊缝表面，但不改变整个焊缝形状。

3）磨平：从一侧（或两侧）打磨整个焊缝，使其厚度同周围表面平齐。

选择什么类型的打磨机，主要看打磨的用途。角磨机相对灵活一些，一般用于粗糙的钢构件表面的打磨，比较方便；砂轮机一般是立式或者台式，位置相对固定，一般用于打磨钻头之类的切削工具等。

打磨的工件必须放置平稳，小件需加以固定，以免在打磨过程中工件发生位移而导致加工缺陷。

2. 喷砂和打磨效果不同

喷砂处理是一种工件表面处理的工艺，是将钢材表面的氧化皮、锈蚀产物以及其他污物去除的一种高效率的表面处理方法。喷砂后工件的表面会获得一定的清洁度和不同的表面粗糙度，使工件表面的力学性能得到改善，因此提高了工件的疲劳强度，增加了工件表面和涂层之间的附着力，延长了涂膜的耐久性，也有利于涂料的流平。

打磨是表面改性技术的一种，一般指借助粗糙物体通过摩擦改变材料表面物理性能的一种加工方法，主要是处理物体表面的细小缺陷，提高物体的圆滑度和光滑度。

3. 喷砂和打磨作用不同

喷砂处理是对钢材组合后的分段、舾装件和结构件等进行表面处理，用来提高覆盖层的附着力及耐蚀能性，是最彻底、最通用、最迅速和效率较高的表面清理方法。

打磨主要作用是去除焊接区域的氧化皮。经过打磨的焊缝表面不得有裂纹、焊瘤、烧穿和弧坑沙眼等缺陷。一般来说，打磨能使焊缝与母材钢板之间或组件与组件之间达到圆滑过渡，因此，焊工需要使用合适的打磨工具，不能损伤母材，打磨方向平行于载荷方向或板材的轧制方向。打磨机的转速高、重量轻、使用方便，由于转速高，使用时一定要牢牢把持住打磨机。

问题 31　焊后是否需要进行焊缝修饰?

1. 问题描述

在海工建造项目中，特别是在 KTY（管节点焊缝）节点中相贯部位的焊接时，焊接接头外观形状通过焊接或必要的疲劳打磨，可以获得良好外观成形，图 6-4 所示为节点焊接区域划分示意图。

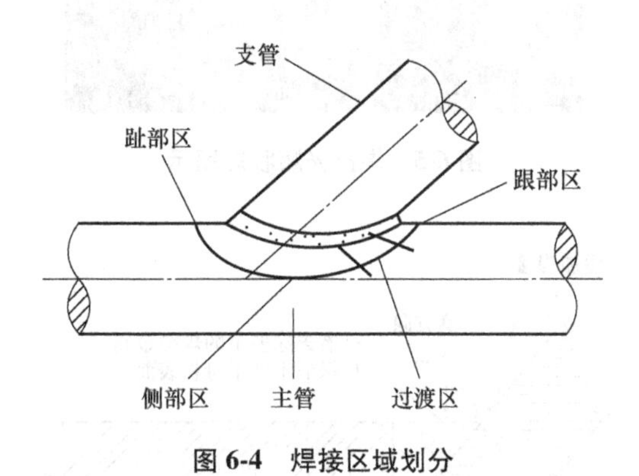

图 6-4　焊接区域划分

2. 问题分析

焊接时为了提高疲劳强度，避免在焊趾处形成尖角、咬边和未熔合等截面突变，发生应力集中，从而影响接头的疲劳寿命，通常采用小电流施焊，同时电压取值在允许的范围内选用高匹配；调整运弧方法，以坡口面中心线为分界线，及时调整焊枪持枪角度，确保枪头垂直于焊接区域，确保每道焊缝两边停顿足够时间，保证熔合良好，焊缝中心区域则快速划过。最后一层盖面前，必须保证坡口边缘和疲劳节点边缘线距前一层焊趾焊道 5mm 左右，焊缝表面必须为下凹状态，否则需要打磨出下凹；如果焊缝出现上凸现象，则要及时调节焊接参数。焊接光顺状态和打磨光顺状态如图 6-5 和图 6-6 所示。

图 6-5 焊接光顺状态图示

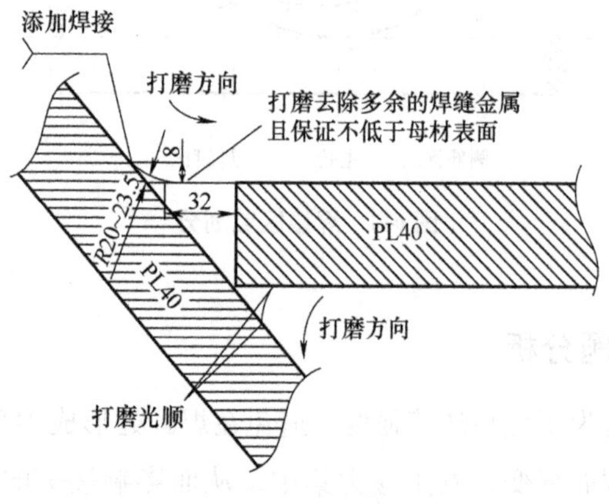

图 6-6 打磨光顺状态图示

3. 对策

打磨时：首先，使用片式砂轮，不得使用有棱角的新砂轮或有缺损的砂轮。垂直打磨盖面焊缝的两条焊趾线，确保焊趾区域与母材圆滑过渡（可略低于母材）；其次，采用砂轮式磨头对疲劳节点焊缝区域进行修整。打磨时磨头要做圆弧形或锯齿形摆动，不可只打磨一个地方，这样做有利于确保焊缝光滑过渡，并节约打磨工时（磨头打磨只需将各道焊缝之间的沟痕打磨光滑即可）。打磨时还可以去除焊缝区域的飞溅、油污等杂质。

对不合格焊缝外观进行补焊，补焊所需 WPS 与正常焊接 WPS 相同；焊接光滑度必须严格按照图 6-5 所示操作，每道焊缝宽度不得超过 12mm，厚度不得大于 3mm；根据实际操作状况，补焊打底与最后一道焊缝需保证为下凹状态，并且与原焊缝圆滑过渡；补焊后进行打磨。打磨方法及注意事项如图 6-6 和图 6-7 所示。

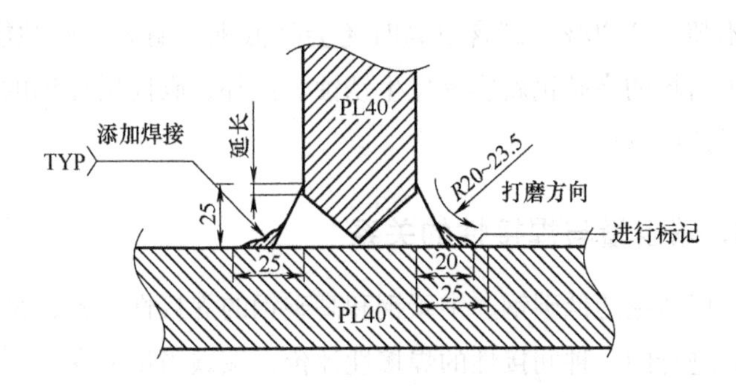

图 6-7　下凹状态与原焊缝圆滑过渡

焊工在焊接时如果不遵守相贯点焊缝的技术要求，焊缝外观就会出现夹沟及焊脚偏小/偏大的情况，造成后期由于焊缝修补而增加的生产成本的提高。在正常焊接中，如果焊接的焊缝外观成形漂亮，焊缝修补打磨的工时就会减少。所以在焊接过程中，特殊节点状态对焊缝进行修饰是很有必要的。

问题 32　低碳钢、中碳钢、高碳钢和低合金高强度钢的焊接

钢材的化学成分是影响其焊接性好坏的主要因素，化学成分中对焊接性影响最大的是碳元素，也就是说，碳含量的多少决定了钢材的焊接性。钢中的其他合金元素也影响焊接性，但其影响程度通常比碳元素要小得多。为了保证钢的韧性和塑性，碳的质量分数一般不超过 1.7%。钢的主要合金元素除铁、碳外，还有硅、锰、硫、磷等。随着碳含量的增加，钢材的屈服强度和抗拉强度增加，但塑性和冲击韧性降低，当碳含量超过 0.23%时，钢的焊接性变差。因此，用于焊接的低合金结构钢，碳的质量分数一般不超过 0.20%。碳含量高时还会降低钢的耐大气腐蚀能力，在露天料场的高碳钢就容易发生锈蚀。此外，碳能增加钢的冷脆性和时效敏感性。

1. 碳当量与焊接性的关系

我们讨论的低碳钢、中碳钢和高碳钢的焊接性差异，是通过碳当量进行的一种间接性的焊接性评价，该碳当量值在一定范围内讨论是有效的。对钢材要概括地、相对地评价其焊接性，主要是因为：

1）如果两种钢材的碳当量值相等，但是碳含量不等，碳含量较高的钢材在施焊过程中容易产生淬硬组织，其裂纹倾向显然比碳含量较低的钢材大，焊接性较差。因此，当钢材的碳当量值相等时，不能看成其焊接性就完全相同。

2）碳当量计算值只表达了化学成分对焊接性的影响，没有考虑到冷却速度不同，可以得到不同的组织，冷却速度快时，容易产生淬硬组织，焊接性就会变差。

3）影响焊缝金属组织从而影响其焊接性的因素，除了化学成分和冷却速度外，还有焊接热循环中的最高加热温度和在高温状态停留时间等参数，在碳当量值计算公式中均没有表示出来。

因此，碳当量值的计算公式只能在一定的钢种范围内，概括地、相对地评价钢材的焊接性，不能作为准确的评定指标。

2. 低碳钢的焊接性及焊接工艺要点

（1）低碳钢的焊接性　由于低碳钢碳含量低，锰、硅含量也少，所以，通常情况下不会因焊接而产生严重硬化组织或淬火组织。低碳钢焊后的接头的塑性和韧性良好，焊接时，一般不需预热、控制层间温度和后热，对焊接热输入不敏感，焊后也不必采用后热和热处理，整个焊接过程不必采取特殊的工艺措施，焊接性优良。

（2）低碳钢焊接工艺要点　虽然低碳钢的焊接性良好，但是在少数情况下，焊接时也会出现问题。

1）采用旧冶炼方法生产的转炉钢氮含量高，杂质含量多，从而冷脆性大，时效敏感性增加，焊接性变差，焊接接头质量低。

2）沸腾钢脱氧不完全，氧含量较高，S、P 等杂质分布不均，局部区域含量会超标，时效敏感性及冷脆敏感性大，热裂纹倾向也增大。

3）采用质量不符合要求的焊条，使焊缝金属中的碳、硫含量过高，会导致产生裂纹。如某厂采用酸性焊条焊接 Q235A 钢时，因焊条药皮中锰铁的碳含量过高，导致焊缝产生热裂纹。

4）某些焊接方法会降低低碳钢焊接接头的质量。如电渣焊，由于焊接热输入大，使焊接热影响区的粗晶区晶粒发生严重长大，韧性很低，焊后必须进行细化晶粒的正火处理来提高韧性。

总之，低碳钢是属于焊接性好、易焊接钢种，大部分的焊接方法都能适用于低碳钢的焊接。

3. 中碳钢的焊接性及焊接工艺要点

（1）中碳钢的焊接性分析　中碳钢中碳的质量分数为 0.25%～0.60%，如 ZG270、ZG340、35 钢、45 钢，当碳的质量分数接近 0.25%而锰含量不高时，焊接性良好。随着碳含量的增加，焊接性逐渐变差。如果碳的质量分数为 0.45%左右时，仍旧按照焊接低碳钢常用的工艺进行施焊，在热影响区中可能会产生淬硬的马氏体组织，易于开裂而形成冷裂纹。

中碳钢焊接时，部分母材被熔化进入焊缝，使焊缝的含碳量增加，促使在焊缝中产生热裂纹，特别是当 S、P 的杂质控制不严时，更容易出现。这种裂纹在弧坑处最为敏感，分布在焊缝中的热裂纹则与焊缝的鱼鳞状波纹线相垂直。

中碳钢的焊接目前大都采用焊条电弧焊。为提高焊接接头的抗裂性，通常选用低氢型焊条，对于一些重要的结构有时候也采用超低氢型焊条。

特殊情况下，中碳钢焊接时可采用铬镍不锈钢焊条，如 E0-

19-10-16（A102）、E0-19-10-5（A107）、E1-23-13-16（A302）、E1-23-13-15（A307）、E2-26-21-16（A402）、E2-26-21-15（A407）等，因奥氏体焊缝金属的塑性好，可以减小焊接接头应力，即使焊件焊前不预热，一般情况下也不会在热影响区产生冷裂纹。

（2）中碳钢的焊接工艺要点

1）预热：预热有利于降低中碳钢热影响区的最高硬度，防止产生冷裂纹，这是焊接中碳钢的主要工艺措施。除此之外，预热还能改善接头塑性，减小焊后残余应力。通常，35钢和45钢的预热温度为150~250℃，碳含量再高或者因厚度和刚度很大，冷裂敏感性大时，可将预热温度提高至250~400℃。若焊件过大，整体预热有困难时，可进行局部预热，局部预热的加热范围为坡口两侧各150~200mm；

2）焊条：选用碱性焊条。

3）坡口形式：将焊件尽量开成V形坡口进行焊接。如果母材有铸造缺陷时，铲挖出的坡口外形应圆滑，其目的是减少母材熔入焊缝金属中的比例（减小稀释率），以降低焊缝中的含碳量，防止冷裂纹产生。

4）焊接参数：由于母材熔化到第一层焊缝金属中的比例最高达30%左右，所以第一层焊缝焊接时，应尽量采用小电流、小热输入，以减小母材的熔深。

5）焊后热处理：焊后最好对焊件立即进行消除应力热处理，特别是对于大厚度焊件、高刚性结构件以及严苛条件下（动载荷或冲击载荷）工作的焊件更应如此。消除应力的回火温度为600~650℃。若焊后不能进行消除应力热处理，应立即进行后热处理（即消氢处理）。

4. 高碳钢的焊接性和焊接工艺要点

（1）高碳钢的焊接性　当高碳钢中碳的质量分数大于0.60%时，焊接后焊缝金属硬化，裂纹敏感倾向更大，因此焊接性极差，不能用于制造焊接结构。常用于制造需要硬度更高或更耐磨的部件和零件，其焊接工作主要是焊补修复。

（2）高碳钢的焊条选用　由于高碳钢的抗拉强度大都在675MPa以上，所以常用的焊条型号为E7015、E6015，对构件结构要求不高时可选用E5016、E5015焊条。此外，亦可采用铬镍奥氏体钢焊条进行焊接。

（3）高碳钢的焊接工艺　由于高碳钢零件为了获得高硬度和高耐磨性，母材本身都需经过热处理，所以焊前应先进行退火，然后才能进行焊接；焊件焊前应进行预热，预热温度一般为250~350℃，焊接过程中必须保持层间温度不低于预热温度；焊后焊件必需保温缓冷，现场条件允许时，应立即在640℃左右温度进行消除应力热处理。

5. 低合金高强度钢的焊接性和焊接工艺要点

（1）低合金高强度钢的焊接性　强度级别较低的低合金高强度钢（屈服强度为235~270MPa），由于钢中合金元素含量较少，其焊接性较好，接近于低碳钢。随着钢中合金元素的增加，强度级别提高（屈服强度≥315MPa），钢的焊接性也逐渐变差，焊接时的主要问题是：

1）热影响区的淬硬倾向：碳含量较少、强度级别较低的钢种，如A27钢等，淬硬倾向很小。随着强度级别的提高，淬硬倾向也开始加大，如16Mn、A36级别以上的钢种焊接时，快速冷却会在热影响区形成马氏体组织。

2）热影响区的软化：现在生产的低合金高强度钢大多数是通过形变强化、位错强化、析出相强化、亚结构强化、细晶强化等多种强化方式综合运用获得的高强度、高塑性和高韧性的钢种。毗邻焊缝的母材上强烈受焊接加热的部位，细小的晶粒发生严重长大，析出相可能发生溶解或者聚集长大等，使得这些强化效果失效。因此，热影响区部位的软化也是不容忽视的一个重要方面。

3）冷裂纹：低合金高强度钢焊接时，热影响区的冷裂倾向增加，并且形成的冷裂纹往往具有延迟的性质，危害性很大。例如，某公司材料为 EH36 钢，壁厚 88.9mm 的一导管架钢桩结构，由于预热温度不够，焊后在热影响区形成大量冷裂纹。

低合金高强度钢的定位焊缝很容易开裂，其原因是焊缝尺寸小、长度短、冷却速度快，这种开裂属于冷裂纹性质。

4）热裂纹：一般情况下，屈服强度等级为 315～400MPa 的热轧钢、正火钢，热裂倾向较小，但在厚壁板材的高稀释率焊道（如根部焊道或靠近坡口边缘的多层埋弧焊焊道）中也会出现热裂纹。电渣焊时，若母材的碳含量偏高而且含镍时，电渣焊焊缝中可能会出现呈八字形分布的热裂纹。

屈服强度等级为 420～690MPa 的中碳调质钢，焊接时热裂的敏感性较大。因此，海工标准中对此类钢焊接时的热输入要求更严格，例如，EQ56、EQ-70、A514 Gr. Q、P460NL1、EH42、NV E420～NV E690 等钢种。

5）粗晶区脆化：热影响区中被加热至 1100℃ 以上的粗晶区，当焊接热输入过大时，粗晶区的晶粒将迅速长大或出现魏氏组织而使韧性显著下降，容易导致脆化开裂。

（2）低合金高强度钢的焊接工艺要点

1）预热：预热是防止裂纹的有效措施，并且还有助于改善接头性能。但预热会恶化劳动条件，使生产工艺复杂化，过高的预热温度还会降低接头韧性。因此，焊前是否需要预热以及预热温度的确定应根据钢材的成分（碳当量）、板厚、结构形状、刚度大小以及环境温度等决定。

2）焊接热输入的选择：含碳低的热轧钢焊接时，因为钢的冷裂淬硬、脆化等倾向小，所以对焊接热输入没有严格的限制。焊接含V、Nb、Ti元素的钢种，为降低热影响区粗晶脆化所造成的不利影响，应选择较小的焊接热输入，如A~F32到A~F40钢的焊接热输入应控制在35kJ/cm以下；对于发生热影响区软化的低合金高强度钢，建议选用小的焊接热输入，多层多道焊施焊，可以有效抑制软化的程度。

3）后热及焊后热处理：后热是指焊接结束或焊完一条焊缝后，将焊件立即加热至200~250℃，并保温一段时间，使接头中的氢扩散逸出，防止延迟裂纹产生。对于厚板及应力复杂区域的高强度钢板，焊后应采取后热工艺措施或覆盖上足够厚的保温棉（毡）进行缓冷。

4）对于厚板、高刚性的焊接结构以及一些在低温、耐蚀条件下工作的构件，当现场条件允许时，焊后应及时进行消除应力的高温回火，其目的是消除焊接残余应力，改善组织。焊后立即进行高温回火的焊件，无须再进行后热处理。在低温下（如冬季露天作业）或在大刚性、大厚度结构上焊接时，为防止出现冷裂纹，需采取预热措施。

5）低合金高强度钢焊接时，焊材的选用原则为等强原则。

问题 33　二氧化碳焊的焊接设备电气问题如何进行判断和修复?

在焊接过程中，经常会出现 CO_2 焊接设备电气方面的故障，本示例针对这些常见问题进行了分析和总结，并给出了具体的修复方法，二氧化碳焊接设备电气故障分析及修复建议见表 6-2。

表 6-2　二氧化碳焊接设备电气故障分析及修复建议

问题	可能存在的原因	修复
起弧困难	电路错误 工作导线连接不好	检查电路，如果需要颠倒导线 正确连接
送丝不均，烧穿	电压不稳定 电路错误	检查电压 检查电路，如果需要颠倒导线
焊接时电缆发热	电缆太细或者太长 电缆连接松弛	检查电流输送要求——更换或者缩短，如果需要进行紧固
送丝速度控制装置损坏	控制装置损坏或松散 控制面板损坏	如果需要检查修复 更换控制面板
电弧不稳	电缆连接松弛	紧固线路
不送丝	控制系统熔体丝损坏 电源熔体丝损坏 焊枪触发开关损坏或者导线连接断开 驱动电动机烧坏	修理熔体丝 更换熔体丝 检查线路；更换开关 检查更换
送丝时没有保护气流入	气阀螺旋管失灵 气阀螺旋管松动或者损坏	更换 检查，如果需要进行修理

（续）

问题	可能存在的原因	修复
焊丝不产生电弧	焊件连接不好 导线连接松散 控制继电器的触点烧损或其线圈烧损 电流接触器的控制电路损坏	固定；清理焊接区域的油漆，刷锈等 拧紧 修理或者更换 修理或者更换
焊缝产生气孔	气阀螺旋管松动或已损坏	修理或者更换

第7章

现场焊接非常规操作问题

现场焊接问题很复杂，有些是技术问题，有些是非技术问题，所以想要解决施工现场的问题有时候很困难。

问题34 非技术因素引起的现场焊接问题

作者想起很早以前看过的一篇失效分析报告。某单位生产的安全等级最高的不锈钢焊接结构在临出厂前的检查中发现了裂纹，对有裂纹的部位解剖后发现在裂纹面上有铜存在的痕迹。但是，在焊接生产车间并未有任何与铜有关的来源，当时集中了国内很多专家教授进行会诊，也没有找出问题的症结所在。最后，经过耐心和焊工解释，只需要弄清事情的原委即可，不会追究责任，焊工才说，当时需要用钢丝刷清理焊缝，一时找不到，就到其他车间顺手拿了一把钢丝刷，进行了清理。专家们到那个车间一看，是生产与纯铜制品相关的车间，由此才解开谜底，该裂纹的性质用现在的眼光来看，就是前面第1章问题5中介绍的液脆问题。

前几年，作者给国际焊接工程师上课，课间休息的时候，有个学员问作者：一般碳钢，不到50mm厚，T形接头，焊接工艺评定没有问题，焊工严格按照工评进行焊接，焊接后在靠近接头端部的地方出现了裂纹，是什么裂纹，怎么办？作者就问，你在这里上课，怎么知道焊工是严格按照工评的工艺进行的焊接，有没有预热？学员说，现场焊接工程师了解的，焊工说预热了。作者就对这位学员说，让现场的焊接工程师好好和焊工聊聊，焊接施工时到底是什么情况。第二天上课时这位学员说，施工现场温度很高，地上放个鸡蛋几分钟后就熟了，焊工觉得温度已经很高了，就不用预热了。作者说，20 多 mm 厚的钢板就要预热了，50mm 厚的钢板焊接，一般预热温度得超过 100℃，尤其是 T 形接头，焊接残余应力会很大，靠近焊缝端部的地方应力集中只有更大，现场温度再高把鸡蛋都能烤熟，但是比预热温度还是要低几十度吧，还是得预热！那位学员最后反馈说，预热以后问题解决了。

前一段时间，企业界有位朋友说，在埋弧焊时，隔一段时间，总有几条焊缝有横向裂纹出现，问是怎么回事？他们的焊接技术人员做了很多分析工作，也试验了很多次，查不出原因。解决这个问题的过程就不赘述了，出现开裂的原因其实很简单，现场焊工一早拿到烘干好的焊剂后，就把前一天晚上回收的焊剂掺在里面，有时候没有回收的焊剂就不掺了，这也是经过很长时间的调查后发现了这种做法，为此专门设计了很多模拟试验方案，进行重复裂纹试验，验证裂纹产生确实与焊工的这个做法有关系。大家知道，埋弧焊焊剂用后回收可以重复使用，但是与新焊剂的掺杂比例在 30%左右，相关标准是有要求的，即便如此，也得要烘干后再用。

由以上例子可以看出，现场焊接时，虽然有焊接工艺评定，有焊接工艺指导书，但是焊工是否严格按照评定的工艺进行焊接施工和生产至关重要，否则出现问题时进行调查也是很容易被忽视和漏掉的一环，由此而产生的现场焊接难题是很常见的。

问题 35　解决现场焊接问题不能顾此失彼

对于焊缝的强度匹配，有时候是很难界定的，到底是高强匹配好还是低强匹配好？作者记得美国海军部门曾经做过一个氢鼓胀试验，发现裂纹是从焊缝上开裂，因此，要求高强匹配。有个项目的接头弯曲试验性能过不了关，就使用强度级别低于母材的焊材，降低焊缝的强度，解决了弯曲性能问题。大家很清楚，采用低匹配增加了焊缝的塑性储备，弯曲试验时可能没有问题。但是，如果真要用到必须采取高强匹配的场合，使用了低强匹配的焊材，其焊缝的塑性过关了，但是强度就不符合要求了。

大家知道有时候工期紧张，为了赶进度，焊接生产现场施工的时候，可能会采用大热输入进行焊接，生产率是增加了，如前面章节所言，可能也不会出现裂纹、气孔、夹渣等缺陷，无损检测也无法检测出焊缝晶粒粗大，热影响区晶粒粗大，也检测不出来焊缝金属有益合金元素的烧损。但是，这种做法确实降低了接头的安全性和可靠性，给焊接结构带来安全隐患。

有一家企业反映焊缝总是出气孔，认为是焊材的问题，因此该企业与焊材厂家一起邀请作者去现场看看。到了现场以后，作者看到每个焊接工位旁边有一个大风扇，作者就问他们这个是做什么用的？他们说，车间温度太高，有时候能到 40℃，为了防止中暑，给工位旁边放一个大风扇吹着，能好一些。作者说，这可不行，在野外施工时如果有风都要搭防风墙，以免风速过大把空气卷入弧柱区和焊接熔池，引起气孔和氧化，你们这样做比野外工作的风速只大不小。

加强劳动保护，一般是刚走上工作岗位时每位焊工必上的安全课。但是在焊接施工现场，仍旧有一些焊工并未重视。比如，焊接施工时不穿工作服，不穿劳保鞋，也不戴防护耳塞，更不用说戴口罩了。大家知道，焊接时的烟尘和噪声对焊工的呼吸系统和听力有影响，如果长期工作而不注意劳动保护，身体健康肯定会受影响，希望对焊工在这方面的教育需要加强，不能图省事而不顾自身的健康。

由此说明，解决了某种问题，可能引起其他问题，给焊接结构的安全服役带来隐患，也可能给该焊工的自身健康带来危害，这也是在解决现场焊接问题时需要考虑的重要因素。

问题 36　为了迎接更大的挑战而提供经验

在大学学焊接专业课时，老师说尽量避免仰焊，能不仰焊就不要仰焊。参加工作后作者在教学生时也这么讲。直到鸟巢建成后，在《鸟巢焊接攻关纪实》这本书里作者才知道，经过实践，在涉及各种位置焊接的时候，不可避免地遇到有仰焊位置的焊缝，经过仰焊之后，结构的变形及残余应力竟然能得到部分相互抵消，比使用翻转结构让焊接部位处于平焊位置时的效果还要好。

在 20 世纪 80 年代，有些造船领域的专家在接触国外建造船舶的文献时，发现人家把整个船体竖起来进行焊接，而国内一直是把船体横着放，焊缝处于水平位置进行焊接。大家讨论究竟是什么原因会导致这样的做法，包括后来在建造压力容器的时候也有这种讨论。其实这种做法主要也和应力与变形有关，这样做主要是考虑了重力对大型焊接结构应力和变形的作用。

前些年，某一线城市进行火车站建设，中间有一个大钢柱，周围像伞骨一样的支架支撑起整个车站的屋顶，在焊接大钢柱和伞骨的斜 T 形角焊缝处产生了裂纹，因此组织专家进行现场焊接问题分析和讨论会。其原因主要是厚度大，拘束大，T 形接头容易出现应力集中，焊材选用不当。解决方案是换为塑性储备比较大的同类焊材，虽然改进前选用的焊材很常见，在很多工程中应用比较广泛，但是针对如此大型的结构，自身重量也很大，需要这个焊接结构来承担，这时候就显得塑性储备不足。

由以上示例可知，在大型焊接结构的制造和生产中，我国的焊接技术人员取得了举世瞩目的成绩，也为以后可能遇到的挑战性更强的焊接结构的生产制造摸索了经验，奠定了基础。

参考文献

[1] The Engineering Equipment and Materials Users Association. Construction Specification for Fixed Offshore Structures in the North Sea：EEMUA158 [S]. [S. L.]：EEMUA Materials Technology Technical Committee，2000.

[2] American Welding Society. Structural Welding Code-Stee：AWS D1. 1/D1. 1M：2020 [S]. Miami：American Welding Society（AWS）Dl Committee on Structural Welding，2019.

[3] American National Sandards Institute. Safety in Welding，Cutting，and Allied Process：Z49. 1：2012 [S]. Miami：American National Standard，2012.

[4] British Standards Institution. Fracture Mechanics Toughness Test：BS 7448 [S]. London：Engineering Sector Board，2001.

[5] 全国钢标准化技术委员会. 金属材料　准静态断裂韧度的统一试验方法：GB/T 21143—2014 [S]. 北京：中国标准出版社，2015.

[6] DET NORSKE VERITAS. Submarine Pipeline Systems：DNV-OS-F101 [S]. Oslo：DET NORSKE VERITAS，2001.

[7] American Bureau of Shipping. ABS Rules for Materials and Welding. Part 2 [S]. New York：American Bureau of Shipping，2019.

[8] 中华人民共和国住房和城乡建设部. 钢结构焊接规范：GB 50661—2011 [S]. 北京：中国建筑工业出版社，2012.

[9] 铃木春义. 钢材的焊接裂纹 [M]. 梁桂芳，译. 北京：机械工业出版社，1981.

[10] DET NORSKE VERITAS. Rule for Ships/High Speed，Light Craft and Naval Surface Craft：TS617 [S]. Oslo：DET NORSKE VERITAS，2016.

[11] International Association of Classification Societies. Requirements For Use of Extremely Thick Steel Plates in Container Ship：UR S33 [S]. Oslo：International Association of Classification Societies，2016.

[12] American Bureau of Shipping. ABS Guide for Nondestructive Inspection of Hull Welds: ABS 14-2018 [S]. New York: American Bureau of Shipping, 2018.

[13] 中国船级社. 材料与焊接规范: 2012.7 [M]. 北京: 人民交通出版社, 2018.

[14] 薛小怀. 工程材料与焊接基础 [M]. 上海: 上海交通大学出版社, 2019.

[15] 薛小怀, 等. 先进结构材料焊接接头的组织与性能 [M]. 上海: 上海交通大学出版社, 2019.

[16] 陈祝年, 陈茂爱. 焊接工程师手册 [M]. 3 版. 北京: 机械工业出版社, 2018.

[17] 戴为志. “鸟巢”焊接攻关纪实 [M]. 北京: 化学工业出版社, 2010.

[18] 钱强, 徐林刚, 常凤华. 国际焊接工程师培训教程: 2015 版 [Z]. 哈尔滨: 哈尔滨焊接技术培训中心, 2015.

[19] 张文钺. 焊接冶金学 [M]. 北京: 机械工业出版社, 1995.